Thomas Kusserow

Der Mathe-Dschungelführer

Analysis

Parabeln & Quadratische Gleichungen

Thomas Kusserow
Der Mathe-Dschungelführer
Analysis: Parabeln & Quadratische Gleichungen

1. Auflage 05/2010

Idee, Gestaltung und Text: Thomas Kusserow

Internet: www.mathe-dschungelfuehrer.de
Email: info@der-abi-coach.de

Druck & Verlagsservice:
www.1-2-Buch.de – Buchprojekte kostengünstig realisieren
27432 Ebersdorf

Ein Titeldatensatz für diese Publikation ist bei der
Deutschen Nationalbibliothek erhältlich.

Das Buch dient als wertvolle Unterstützung für Schüler, die die relativ hohen Kosten des persönlichen Nachhilfeunterrichtes scheuen. Es kann weder den Unterricht, noch die regelmäßige Teilnahme an den Hausaufgaben oder die persönliche Unterstützung durch einen kompetenten Nachhilfelehrer ersetzen. Nutze es wie eine gute Ergänzung, und es wird eine gute Ergänzung sein!

Dieses Buch wurde mit großer Sorgfalt und auf Basis gängiger Lehrmaterialien erstellt. Dennoch kann nicht ausgeschlossen werden, dass sich Fehler oder formale Abweichungen zu deinem Lehrmaterial finden. Es kann daher keine Haftung für die Vollständigkeit und Richtigkeit der Inhalte übernommen werden.

Sollten in diesem Buch wider Erwarten die Marken-, Patent-, Namens- oder ähnliche Lizenzrechte Dritter verletzt worden sein, so bittet der Autor um sofortige direkte Kontaktaufnahme. Bei berechtigten Beschwerden sichert der Autor sofortige Behebung des verletzenden Tatbestandes zu. Daher ist es nicht erforderlich, einen kostenpflichtigen Anwalt einzuschalten.

Aus Gründen der Übersichtlichkeit wird jeweils nur die männliche Form eines Wortes genannt. Mit „Schülern" sind selbstverständlich auch die Schülerinnen gemeint. In Anlehnung an den Nachhilfeunterricht für die Zielgruppe der 16- bis 20-Jährigen, die meistens mit „Du" statt mit „Sie" angesprochen werden möchten, verwendet dieses Buch die 2. Person Singular.

Der Autor ist für jeden Verbesserungshinweis dankbar. Fragen, Lob und Kritik können auf www.mathe-dschungelfuehrer.de übermittelt werden. Dort findet sich auch das aktuelle Verlagsprogramm.

ISBN 978-3-940445-56-8

Inhalt

Vorwort

Das vorliegende Lehrbuch wendet sich an alle, die sich mit dem Thema Parabeln und quadratische Gleichungen befassen (müssen). Das Thema steht je nach Bundesland und Lehrplan meistens ziemlich genau am Übergang der Sekundarstufe I zur Sekundarstufe II, also zu Deutsch: Es ist eines der ersten wichtigen Themen, die du verstehen musst, wenn du eines Tages dein (Fach-)Abitur machen willst. Und ich kann es noch drastischer sagen: Wer die Begriffe und Methoden zum Rechnen mit quadratischen Parabeln nicht verstanden hat, der wird beim späteren Abitur-Schwerpunkt-Thema „Kurvendiskussion" vor unlösbaren Problemen stehen. Niemand wird dich im Abi nach dem Höhensatz im Dreieck oder anderen klassischen Mittelstufen-Themen fragen. Aber wenn es darum geht, wenigstens noch einen Punkt zu bekommen, könnte ein Prüfer (der es gut mit dir meint!) eine einfache Frage zur Normalparabel stellen.

Als Nachhilfelehrer beobachte ich immer wieder, dass bei diesem Thema viele Schüler Probleme bekommen, die bisher in Mathe eigentlich ganz gut durchgekommen sind. Das Problem ist, dass sie mit dem reinen Abspulen auswendig gelernter mathematischer Lösungsverfahren hier nicht mehr punkten können. Was hier zählt, und im Abitur erst recht, ist es zu erkennen, für welche Fragestellungen welche Methoden angewendet werden können, und wie diese Methoden erfolgreich kombiniert werden.

In der Analysis, also der Analyse mathematischer Funktionen, ist es dabei sehr wichtig, dass du beim Umgang mit Funktionsgleichungen eine große Wissensbasis hast, um schnell eine grafische Vorstellung dieser Funktion, bzw. der sogenannten „Funktions-Eigenschaften" zu haben. Außerdem wird der Umgang mit den zugehörigen Gleichungen schwieriger, denn das altbekannte Ziel „nach dem x auflösen" ist hier nicht immer so einfach erreichbar. Beiden Dingen, den Funktions-Eigenschaften und dem Auflösen quadratischer Gleichungen, ist dieses Buch gewidmet.

In meinem Nachhilfeunterricht und in meinen Mathe-Dschungelführern versuche ich immer wieder, die Querverbindungen zu benachbarten Themen, besonders zu „heißen" Abiturthemen, herzustellen. Das mag dir zwar als Neuling im Thema manchmal etwas umschweifend und ausufernd erscheinen – doch anders ist Erfolg im Fach Mathematik leider nicht möglich. Wenn du dieses Buch kurz vor dem Abi noch einmal als Nachschlagewerk und Übungsbuch überfliegst, bin ich sicher, du wirst mir für diesen Stil danken ☺.

Für mich als Autor ist dies der bereits 12. Band der Mathe-Dschungelführer-Serie, und ich werte die vielen positiven Rückmeldungen über meine anderen Bücher als klaren Hinweis, dass man als Schüler offenbar mit Hilfe vom Mathe-Dschungelführer vernünftig seinen Matheunterricht vor- und nacharbeiten kann.

Zu meiner eigenen Überraschung wird die Buchreihe auch immer häufiger von Lehrern genutzt, die offenbar erkannt haben, dass viele klassische Lehrbücher mit ihrem trockenen wissenschaftlichen Stil und den manchmal sehr knappen Erklärungen nicht gerade dazu beitragen, junge Menschen für die Mathematik zu begeistern. Und auch die vielen Dinge, die man in zahlreichen Internet-Foren zu bestimmten Mathe-Themen findet, stiften aus meiner Sicht gerade bei Anfängern oft mehr Verwirrung als Sicherheit. Gerade in Mathe ist es wichtig, die Erklärungen Schritt für Schritt vom Bekannten zum Neuen aufzubauen, und ich hoffe, das ist mir auch in diesem Buch wieder einigermaßen gelungen.

Ich freu mich jedenfalls, wenn dir dieses Buch gefällt und du meinen Erklärungen gut folgen kannst. Wenn du dann noch die nötigen Denkpausen einlegst und den Aufgabenteil selbständig angehst, ohne sofort in der Musterlösung nachzuschlagen, kann in der nächsten Prüfung eigentlich nichts mehr schief gehen.

Zum Autor

Thomas Kusserow ist Jahrgang 1974, Diplom-Wirtschaftsingenieur und verheiratet. Schon zu seinen eigenen Schul- und Studienzeiten gab er Nachhilfe, hauptsächlich in Mathe und naturwissenschaftlichen Fächern. Nach einer 5-jährigen Tätigkeit als Angestellter in der Industrie, in der keine Zeit für Nachhilfe war, ist er seit 2004 selbständig. Der Schwerpunkt seiner heutigen Tätigkeit liegt in der Nachhilfe für Oberstufenschüler und Studenten, hauptsächlich in Mathe und Physik. Die meisten davon verzeichnen deutliche Erfolge. Aktuelle Informationen rund um seine Nachhilfe finden sich auf der Webseite www.der-abi-coach.de und www.mathe-dschungelfuehrer.de.

So benutzt du dieses Buch

Dieses Buch ist, wie alle Mathe-Dschungelführer, für das intensive Selbststudium konzipiert. Es soll einerseits einen systematischen Einstieg in das Thema für die Schüler am Ende der Mittelstufe liefern, die es am besten in aller Geduld von vorne nach hinten durchgehen. Ich empfehle, zunächst den ganzen Erklärungsteil einmal durchzuarbeiten, erst dann den Aufgabenteil (S. 69). Da die Aufgaben ein direktes thematisches Abbild des jeweiligen Kapitels im Erklärungsteil sind, kannst du jedoch auch nach jedem Erklärungskapitel an die entsprechenden Aufgaben gehen. Das Buch ist aber ebenso ein Nachschlagewerk und Trainingsbuch für Abitur-Prüflinge. Wenn diese mit dem Gesamtthema schon besser vertraut sind, reicht es vielleicht, sich individuell am Inhaltsverzeichnis und an den Übungsaufgaben zu orientieren und einzelne Themen wie z.B. die pq-Formel (S. 54) gezielt zu wiederholen.

Je weniger vertraut du mit den Parabeln bisher bist, desto mehr Zeit musst du dir zum Durcharbeiten dieses Buches nehmen. Sei bereit, viele Denkpausen einzulegen und manches eventuell mehrfach zu lesen, denn in Mathe ist es wichtig, das Gelesene nicht nur zu verstehen, so lange es jemand anders erklärt. Im Lehrerjargon nennt man dieses Lernziel „das Wissen festigen". Die wichtigen Punkte in den Arbeiten wirst du nur machen, wenn du die Zusammenhänge so gut verstanden hast, dass du es prinzipiell sogar jemand anderem erklären könntest. Und die Fähigkeit, so lange dran zu bleiben, bis du es wirklich kapiert hast, brauchst du ohnehin, wenn du das Abitur schaffen willst. Ich werde dich mit meiner ganzen Nachhilfe-Erfahrung dabei unterstützen, dass sich deine Mühen am Ende lohnen.

Bitte sieh es mir nach, wenn dieses Buch in der Reihenfolge nicht exakt dem Unterrichtsplan deines Lehrers folgt. Das ist leider nicht möglich, denn der **Zusammenhang zwischen Gleichungen, Wertetabellen, Funktionen und grafischen Schaubildern** – nur darum geht es letztlich – ist auf viele Arten vermittelbar. Wenn dir meine Erklärungen vielleicht völlig anders als das Besprochene aus Eurem Unterricht erscheinen, verspreche ich dir dies: Wenn du bereit bist, mir Schritt für Schritt zu folgen und dabei auf dein logisches Denkvermögen vertraust, dann wird dieses Buch eine unglaubliche Hilfe für dich sein! Dann wirst du bald verstehen, was dein Lehrer Euch im Unterricht sagen wollte. Denn hat man dieses Thema erst einmal richtig mit allen Querverbindungen erfasst, dann ist es keine Zauberei mehr.

Halte bitte ab jetzt einen Bleistift und Papier bereit, denn dein Mitdenken und Nachvollziehen der Beispiele wird gleich erforderlich. Ich wünsche dir viel Erfolg beim Durcharbeiten!

1. Wiederholung: Gleichungen und mathematische Funktionen

Die Untersuchung mathematischer Funktionen ist ein Thema, das dich bis ins Abitur begleiten wird, und zwar mit steigendem Schwierigkeitsgrad. Wohl niemand wird dich im Abi fragen: „Was ist eine Funktion?“, aber man wird erwarten, dass du das Konzept verstanden hast und dieses auf bestimmte Problemstellungen anwenden kannst. Darum werde ich hier nur kurz beschreiben, was eine Funktion und Gleichung per Definition sind und dann den Schwerpunkt dieses Buches darauf legen, was man damit Aufgaben-technisch so anfangen kann.

Eine Gleichung ist eine Gegenüberstellung zweier mathematischer Terme[1], In der Mitte einer Gleichung steht immer das Gleichheitszeichen. Die Variablen sind immer so zu bestimmen, dass die linke und rechte Seite der Gleichung den gleichen Zahlenwert ergeben. Ein Beispiel: $x+\frac{1}{2}y=12$

Eine Funktion ist eine besondere Form einer Gleichung. Rein äußerlich betrachtet hat jede Funktionsgleichung genau 2 Variablen, meist y und x, wobei y auf der linken Seite der Gleichung steht. Wichtig beim Arbeiten mit Funktionen ist, dass das x normalerweise frei gewählt werden kann und das zugehörige y folgerichtig daraus hervor geht. Eine Funktion ist also eine VORSCHRIFT, wie x und y miteinander zusammen hängen.

Gleichungen können manchmal mehr als 2, eine oder sogar gar keine Variable (z.B. 2+3=5) enthalten. Beim Rechnen mit Gleichungen geht es meistens darum, den Wert einer Unbekannten zu bestimmen, indem man die Gleichung nach ihr umstellt bzw. auflöst. Sehr wichtig ist dies, und darum soll es hier auch noch einmal ganz deutlich gesagt werden:

Soll die Lösung einer Aufgabe eine konkrete Zahl sein, z.B. x=2, dann braucht man hierfür eine Gleichung, in der x als EINZIGE Unbekannte steht. Gibt es zwei Variablen, muss eine davon also zunächst bekannt sein und eingesetzt werden (oder mithilfe anderer Gleichungen eliminiert werden), um die andere Variable folgerichtig zu ermitteln.

[1] Für alle, die es nicht mehr wissen: Ein Term ist eine Aneinanderreihung von Zahlen, Variablen (also Buchstaben) und Rechenzeichen. Weitere Fachbegriffe siehe im Glossar auf Seite 91.

Wenn es zwei Unbekannte in einer Gleichung gibt, würde man an der Universität schon von einer „mathematischen Funktion“ sprechen. In der Schule würde man eine solche Gleichung normalerweise erst nach y auflösen, bevor man von einer Funktion spricht. Die „Lösung“ einer Aufgabe kann also EINE ZAHL oder EINE GLEICHUNG sein, je nachdem, wie eine Aufgabe gestellt ist.

Im obigen Beispiel kann man die „Gleichung“ mit diesen Schritten in eine lineare[2] „Funktion“ verwandeln.

$$x + \tfrac{1}{2}y = 12 \qquad | -x$$
$$\tfrac{1}{2}y = -x + 12 \qquad | \cdot 2$$
$$y = -2x + 24$$

Solche Umformungen sind dir hoffentlich vertraut und du achtest auch immer hübsch darauf, dass alle Vorzeichen in den Folgezeilen richtig erscheinen und die Priorität Klammerrechnung vor Punktrechnung vor Strichrechnung („Kla-pu-stri“) gilt. Gemäß dem allgemeinen Schema für lineare Funktionen $y=mx+b$ sehen wir nun eine lineare Funktion mit der Steigung -2 und dem y-Achsen-Abschnitt $b=24$. Und wenn du jetzt genervt die Augen rollst und denkst: „Wie hat er das denn wieder so schnell erkannt?“ – Je nachdem, wo und wie das x im Funktionsterm auftaucht, kann man schon sehr viel über die Eigenschaften des Grafen erkennen. Die linearen Funktionen werde ich hier nicht noch einmal vertiefen. Zu den quadratischen Funktionen, bei denen du diese Fähigkeit auch entwickeln solltest, werde ich in diesem Buch jede Menge Hinweise geben.

Noch einmal zurück zu den Funktionen im Allgemeinen: Jede Funktion enthält also y auf einer Seite und einen Term (den „Funktionsterm“) mit x auf der anderen Seite. Sehr häufig schreibt man bei Funktionen links nicht y, sondern verwendet den Buchstaben f. Folgende Schreibweisen sind möglich und bedeuten das Gleiche. Oft verwendet wird die zweite mit $f(x)=\ldots$

$y = -2x + 24$ $\qquad f(x) = -2x + 24$ $\qquad f: \; x \to -2x + 24$ $\qquad y(x) = -2x + 24$

Ein wichtiges Lernziel, das dir ebenfalls schon bekannt sein sollte, ist die Erstellung von Wertetabellen anhand von Funktionen. Der ganz typische Ablauf für Anfänger ist, dass man eine Funktion (als Gleichung $f(x)=\ldots$) gegeben hat und daraus dann eine Wertetabelle erstellt. Die x-Werte darf man dabei im Prinzip frei auswählen, die y-Werte der zugehörigen Tabellenspalte ergeben sich dann aus der Rechnung. Durch eine Funktion f wird also festgelegt, welcher x-Wert welchem y-Wert zugeordnet wird, welche Wertepaare $(x|y)$ also entstehen[3].

[2] Die linearen Funktionen sind die, die man mit dem Lineal zeichnen kann – also Geraden, die durch Funktionsgleichungen der Form $y=mx+b$ beschrieben werden. Manchmal heißt es auch $y=mx+n$. Auch diesen Fachbegriff findest du im Glossar ab Seite 91.

[3] Für die Wertepaare bzw. Punkte sind die Schreibweise mit Komma, Semikolon und senkrechtem Stab/Balken verbreitet, also (x,y), $(x;y)$ oder $(x|y)$.

Jede Funktion f ist also eine ZUORDNUNGSVORSCHRIFT. Die Wertepaare überträgt man in die Wertetabelle. Und damit sind wir beim nächsten Schritt: Der Zeichnung des Grafen.

Jedes Wertepaar (x|y) kann man als Punkt ansehen und in ein Koordinatensystem eintragen. Man startet gedanklich immer beim Punkt (0|0), dem sogenannten „Koordinatenursprung" und „wandert" von dort die zugehörige x-Strecke nach rechts und die zugehörige y-Strecke nach oben, negative Werte werden entsprechend in die Gegenrichtung abgetragen bzw. „abgewandert". Diese Strecken bzw. Abstände vom Ursprung nennt man die „Koordinaten" eines Punktes. Will man einen Punkt hervorheben, dann gibt man ihm einen Namen in Form eines großen Buchstabens, z.B. ist A(1|2) der Punkt, der einen Schritt, genauer eine „Längeneinheit" (in der Regel 1 cm) rechts und zwei Längeneinheiten nach oben zum Ursprung liegt. Mit dem Eintragen solcher Punkte solltest du mittlerweile sicher sein und auch umgekehrt anhand einer Grafik die Koordinaten x und y eines Punktes ablesen können.

Und wenn man genügend Punkte hat, kann man die Funktion, genauer: „den Grafen[4] der Funktion" zeichnen bzw. skizzieren. Und WANN man genügend Punkte hat, darüber entscheidet ganz wesentlich der Typ der mathematischen Funktion. Bei den linearen Funktionen reichen zwei Punkte (und ein Lineal!) aus. Bei den quadratischen Funktionen braucht man schon mehr Punkte und die x-Koordinaten sollten nicht zu weit voneinander entfernt liegen. Später werdet ihr im Rahmen der „Kurvendiskussion" Funktionen untersuchen, bei denen man die wesentlichen Eigenschaften besser mit anderen Methoden als einer Wertetabelle untersucht, um nicht aus Versehen die besonders markanten Punkte zu versäumen. Dennoch gilt – und das sage ich dir jetzt als Nachhilfelehrer: Die Fähigkeit, sich schnell mal ein paar Punkte auszurechnen, also eine kleine Wertetabelle anzulegen, ist im Abi unbezahlbar, um den Überblick zu behalten, falls die anderen später behandelten Rechenmethoden einmal gründlich daneben gehen. Und es gibt übrigens inzwischen hervorragende Taschenrechner[5], die einem gute Dienste dabei leisten.

Damit genug der Vorrede. Dein erstes Lernziel wird es jetzt also sein, dass du aus einer quadratischen Funktion eine Wertetabelle erstellen kannst, um dann mithilfe der Wertetabelle den Grafen zu zeichnen. Im Laufe von Kapitel 3 und 4 hast du das dann irgendwann so gut drauf, dass du sogar den umgekehrten Weg gehen kannst, nämlich aus einer gegebenen Grafik oder Tabelle auf die mathematische Funktion zu kommen[6]. Falls du im Moment noch

[4] Immer noch verbreitet ist die frühere Schreibweise mit ph: Der „Graph" einer Funktion.

[5] Kläre so früh wie möglich mit deinem Lehrer, welche Taschenrechner für euch in der Prüfung zugelassen sind! Nur mit diesem Gerät solltest du dann arbeiten.

[6] Solche Aufgaben heißen dann übrigens Steckbrief- oder Rekonstruktions-Aufgaben und sind durchaus bei Lehrern beliebt.

unsicher beim Erstellen von Wertetabellen und Zeichnen von Grafen bist, solltest du dir unbedingt die nötige Zeit nehmen und die nun folgenden Beispiele jeweils erst selbst bearbeiten, bevor du meine Musterlösung liest.

Beispiel 1: Gegeben sind die Funktionen $f(x) = x^2$ und $g(x) = x^2 - 3$. Erstelle zu beiden Funktionen jeweils eine Wertetabelle und ein grafisches Schaubild für das Intervall [−3; 3].

Ein Intervall, falls dieser Begriff neu ist, ist eine Angabe, wo die linke und die rechte Grenze des betrachteten Abschnittes auf der x-Achse liegen. Geht man vom linken Wert −3 mit der Schrittweite von z.B. 0,5 auf den Wert 3 zu, dann ergeben sich neun x-Werte bzw. neun Wertepaare in der Wertetabelle. Wertetabellen können übrigens längs (horizontal) wie hier oder hochkant (vertikal) erstellt werden.

Wertetabellen:

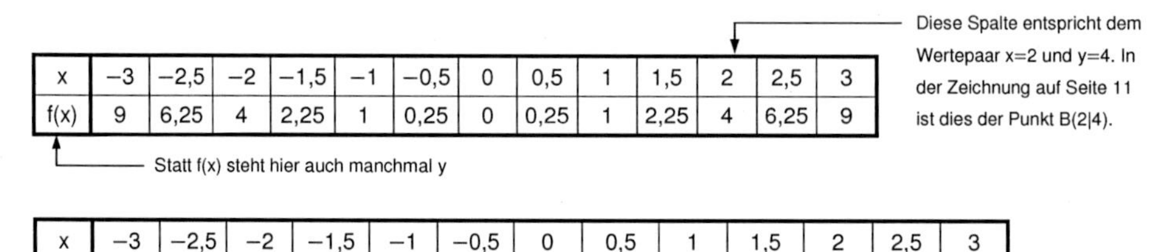

Diese Spalte entspricht dem Wertepaar x=2 und y=4. In der Zeichnung auf Seite 11 ist dies der Punkt B(2|4).

x	−3	−2,5	−2	−1,5	−1	−0,5	0	0,5	1	1,5	2	2,5	3
f(x)	9	6,25	4	2,25	1	0,25	0	0,25	1	2,25	4	6,25	9

Statt f(x) steht hier auch manchmal y

x	−3	−2,5	−2	−1,5	−1	−0,5	0	0,5	1	1,5	2	2,5	3
g(x)	6	3,25	1	−0,75	−2	−2,75	−3	−2,75	−2	−0,75	1	3,25	6

Beim Erstellen der Zeichnung gibt es im Abitur normalerweise vorgegebenes Papier, so dass keine Gefahr besteht, sich das Blatt möglicherweise falsch einzuteilen. Dennoch ist es nicht schlecht, wenn du vor dem Erstellen der Grafik noch einmal einen Blick auf die beteiligten x- und y-Werte wirfst. Dann würde dir hoffentlich auffallen, dass wir bei f(x) nur positive y-Werte haben. In der Zeichnung bedeutet dies, dass der gesamte Bereich unterhalb der x-Achse entfällt. Und wenn in der Aufgabenstellung schon von einem Intervall die Rede ist (was meistens als Hilfe dienen soll!), dann sollte man auch nur diese x-Werte in der Wertetabelle berücksichtigen und braucht außerdem in der Grafik die x-Achse links und rechts von diesem Zahlenbereich nicht darzustellen.

Um platzsparend vorzugehen, benutze ich übrigens nicht den üblichen Maßstab eine Längeneinheit=2 Kästchen oder 1cm, sondern einen etwas kleineren. Da du (hoffentlich) mit kariertem Papier arbeitest, solltest du dich aber streng an diesen üblichen Maßstab halten.

Schaubild der Grafen von f und g:

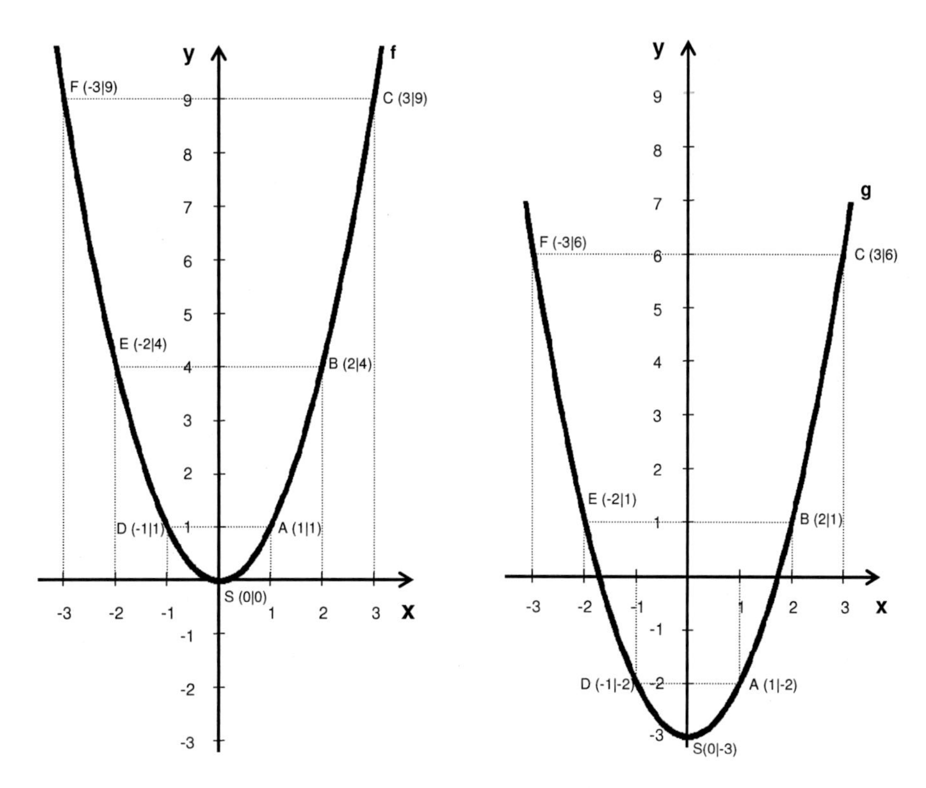

Abbildung 1: Schaubild der Normalparabel f(x)=x² (links) und des Grafen g(x)=x²–3 (rechts)

2. Die Normalparabel

Für die Neulinge im Thema Parabel-Funktionen gebe ich zunächst einige wichtige Hinweise zum linken Bild mit f, bevor ich dann die beiden Schaubilder vergleiche. Die Funktion $f(x) = x^2$ ist die einfachste **Parabel**[7], die es gibt und der Ausgangspunkt aller Überlegungen für andere Parabelfunktionen. Oft nennt man sie auch die **„Normalparabel"**. Ihr **Definitionsbereich**, also die Menge aller Zahlen, die als x-Werte erlaubt sind, geht vom negativ **Unendlichen** bis zum positiv Unendlichen, also dem gesamten reellen Zahlenbereich. Formal kann man hierfür schreiben: $\mathbb{D} = \mathbb{R}$ oder $x \in \mathbb{R}$ oder seltener $-\infty < x < \infty$

[7] Zu den **fett gedruckten Fachbegriffen** siehe auch Glossar, Seite 91.

Ihr Wertebereich, also das, was als y-Wert in einem Punkt/Wertepaar (x|y) als Zahl y auftreten kann, sind die gesamten positiven Zahlen einschließlich Null. Formal schreibt man:

$\mathbb{W}=\mathbb{R}_0^+$ oder $y \in \mathbb{R}_0^+$ oder einfach $y \geq 0$

Übrigens: Werte- und Definitionsbereich sind mathematisch gesehen Mengen und werden daher gern mit dem für viele Schüler ungewohnten Doppelbalken geschrieben.

Beim Zeichnen der Normalparabel ist es zunächst wichtig, das Koordinatensystem gut auf dem Papier unterzubringen. Aufgrund des positiven Wertebereiches kann der gesamte Bereich unterhalb der x-Achse, Mathematiker sprechen hier von **III. und IV. Quadranten**, weggelassen werden. Weiterhin ist es beim Verbinden der Punkte sehr wichtig, dass du sie nicht einfach mit geraden Linien verbindest, sondern mit ein wenig Gefühl die (Parabel-) Kurve ziehst. Besonders der Punkt (0|0), der sogenannte **„Scheitelpunkt“** oder kurz **„Scheitel“** des Grafen, sollte auf keinen Fall spitz zulaufen. Wenn du es dann noch schaffst, in einem einzigen kräftigen Streich durchzuziehen (alle Parabeln sind **„stetig“**, laufen also in einer geschlossenen Linie über das Papier) und den Bleistift nicht mehrfach zaghaft anzusetzen, dann sieht es so aus, wie es sich die Lehrer wünschen. Eine Parabelschablone ist meines Erachtens nicht sinnvoll, da du bei den später behandelten Funktionen ohnehin die von mir beschriebene freie Zeichentechnik beherrschen musst.

Über die grafischen Eigenschaften der Normalparabel kann man Vieles sagen. Für die Analysis[8] kommt es vor allem auf diese vier Dinge an:

1. Die Normalparabel x^2 hat überall positive y-Werte, verläuft also oberhalb der x-Achse, weil jede Zahl im Quadrat immer ein positives Vorzeichen hat. Denk immer an den Zusammenhang von Funktion → Wertetabelle → Eintragen der Punkte in das grafische Schaubild.

2. Die Normalparabel hat bei S(0|0) ihren tiefsten Punkt, den sogenannten Scheitelpunkt. Dort hat sie keine Steigung, eine dort angelegte **Tangente** würde also exakt waagerecht verlaufen.

3. Außerdem verläuft sie achsensymmetrisch zur y-Achse. Das bedeutet, dass es für jeden Punkt einen entsprechenden Spiegelpunkt gibt, der sich nur im Vorzeichen des x-Wertes unterscheidet, z.B. ist E Spiegelpunkt zu B. Mathematisch gilt für alle x-Werte $f(x)=f(-x)$.

[8] Die Analysis ist einer von insgesamt drei großen Themenbereichen in der Abiturmathematik und beschäftigt sich mit der Untersuchung von Funktionen. Neben diesen 4 Punkten sind außerdem wichtige Untersuchungspunkte: 5. Lage der Nullstellen und 6. Lage des y-Abschnittes. Diese werde ich aber mit Rücksicht auf die Anfänger in diesem Thema erst in Kapitel 4 bringen.

4. Merk dir bitte auch, dass die Normalparabel eine nach oben geöffnete Funktion ist. Mathematiker sagen: Sie ist im II. **Quadranten** (also links oben vom Koordinatenkreuz) (**monoton** oder auch **streng monoton**) **fallend** und im I. Quadranten, also rechts oben vom Ursprung/ vom Punkt (0|0) ist sie (streng) **monoton steigend/wachsend**. Direkt damit zusammen hängt das Verhalten der Funktion für sehr große x-Werte. Solche Untersuchungen werden dir später noch häufig unter den Begriffen „Verhalten im Unendlichen“, „Grenzwertverhalten“ oder auch „Verhalten an den Rändern des Definitionsbereiches“ begegnen.

Für x-Werte mit sehr großem Betrag, also z.B. −500 oder +10000, erreicht sie extrem große (positive) y-Werte. Mathematiker denken diesen Gedanken bis zur letzten Konsequenz: Wenn die Zahl x kleiner als jede nur vorstellbare Zahl ist oder größer als jede vorstellbare Zahl (man sagt auch: „x wächst über alle Grenzen“), dann wird der **Funktionswert** y, der sich ja immer aus dem Quadrat von x ergibt, eine unendlich große positive Zahl[9] werden. Also platt gesagt: Eine riesige Zahl x mal eine riesige Zahl x ergibt eine noch riesigere Zahl y.

Zeichnerisch ist diese Überlegung nichts anderes als die Fragestellung, wo sich die Punkte des Grafen befinden, wenn man sich sehr weit links (ins negativ Unendliche) oder sehr weit rechts (ins positiv Unendliche) vom Ursprung weg bewegt. In Fall der Normalparabel x^2 – das muss längst nicht für jede Funktion gelten – werden die entsprechenden y-Werte solcher Punkte des Grafen unvorstellbar weit NACH OBEN (ins positiv Unendliche Richtung y-Achse) verschoben sein.

Selbst wenn das alles neu für dich ist, so hoffe ich, dass dir bei meinen Ausführungen klar wird, wie wichtig es ist, diese drei Bestandteile immer vernetzt im Zusammenhang zu sehen: 1. die mathematische Vorschrift f(x) 2. die Wertetabelle und 3. das Schaubild des Grafen.

Zwar kann man auch ziemlich weit damit kommen, wenn man die in Beispiel 1 geforderten Schritte sauber abarbeitet, bis man die Wertetabelle und das Schaubild vor sich hat. Doch mit Blick auf das, was bis zum Abitur auf dem Lehrplan steht, solltest du dich auf keinen Fall nur damit zufrieden geben. Trainiere lieber heute schon vernetzt zu denken, dann wirst du in der gesamten Abitur-Mathematik ein deutlich angenehmeres Leben haben! Ich gebe dir auch gleich wieder Gelegenheit dazu, denn jetzt vergleiche ich f(x) mit g(x).

[9] streng genommen gibt es keine solche „Zahl“ und deshalb würden mir manche Lehrer, die es mit der formalen Ausdrucksweise sehr genau nehmen, für diese Formulierung wohl auch gerne einen Maulkorb verpassen. Da man viele Überlegungen mit diesem abstrakten und für niemanden richtig vorstellbaren Begriff „Unendlich“ wie eine Rechnung mit einem Zahlenwert durchspielen sollte, erlaube ich mir im Interesse eines prägnanten Erklärens solche Vereinfachungen.

Vergleich der Normalparabel f(x) mit der verschobenen Parabel g(x)

Schau dir nun bitte nochmals die beiden Wertetabellen auf Seite 10 an. Wie du hoffentlich erkennst, sind die x-Werte die gleichen, während die y-Werte von g jeweils um 3 Einheiten kleiner sind. Beispielsweise gibt es bei f das Wertepaar x=2 und y=4, was im grafischen Schaubild zum Punkt B(2|4) führt. Im Gegensatz dazu findet man bei g in der entsprechenden Tabellenspalte das Wertepaar x=2 und y=1 und daher in beim Graf von g den Punkt B(2|1).

Schau dir jetzt noch einmal die beiden Funktionsterme $f(x)=x^2$ und $g(x)=x^2-3$ genau an und versuche zu erkennen, warum der y-Wert von JEDEM Wertepaar von g um 3 Einheiten kleiner sein muss als der entsprechende y-Wert von f!

Dies liegt natürlich daran, dass im Funktionsterm, also in der mathematischen Vorschrift, die vorgibt, wie aus dem x ein y-Wert gebildet werden soll, bei g(x) die zusätzliche Rechenanweisung „minus 3“ auftritt. Ich zeige auf Seite 17 noch einmal ausführlich mit einem Kästchen-Schema, wie man es sich eigentlich vorzustellen hat, was mit dem x-Wert genau passiert, wenn die einzelnen Rechenoperationen einer Funktion nacheinander wirken, bis der fertige y-Wert herauskommt. Viele Schüler denken, dass ihnen das längst bekannt ist. Es zeigt sich mir aber immer wieder beim Unterrichten der sogenannten Kettenregel (in der späten Sekundarstufe II), wie wenige es wirklich verstanden haben.

Beim Vergleich von f und g halte ich fest, dass man im Funktionsterm die zusätzliche Rechenanweisung „–3“ findet und dass diese bewirkt, dass sämtliche y-Werte, die bei f(x) als „fertige“ Werte in die Wertetabelle wandern, bei g(x) noch einmal die Rechenanweisung –3 durchlaufen. Schau nun bitte auf die Grafen auf Seite 11 und vergleiche, was sich dadurch in der Lage des Grafen von g gegenüber der Normalparabel verändert! Prüfe, welche der 4 markanten Eigenschaften (Seite 12 unten) die Funktion g im rechten Schaubild noch hat!

Und falls du bisher meinen geplanten Denkpausen nicht wirklich gefolgt bist, dann rufe ich dich nun noch einmal dazu auf! Halte inne und blättere wirklich zurück! Als Neuling in diesem Thema solltest du dir mindestens 3 Minuten Zeit nehmen, vielleicht auch 10, bevor du hier weiter liest. Es gehört zum Konzept dieses Nachhilfekurses, dass du dir hin und wieder die Zeit für Denkpausen nimmst. Das Zurückblättern auf das bisher Gelesene ist dabei natürlich erlaubt. Wenn du dich nicht daran hältst, weil es bequemer ist, einfach weiter zu lesen, dann betrügst du dich selbst und wirst nicht den gewünschten Lernerfolg mit diesem Kurs erzielen!

Damit zu den Dingen, die du herausgefunden haben solltest. Zunächst einmal sollte dir aufgefallen sein, dass beide Funktionen eine auffallend ähnliche Form haben. Allerdings verläuft der Graf von g weiter unten als der von f. Und wenn man dies noch genauer betrachtet, dann erkennt man, dass g tatsächlich an JEDER **Stelle** exakt 3 Einheiten „tiefer liegt“, oder mathematisch präzise ausgedrückt: dass der Graf von g gegenüber der Normalparabel um minus drei Einheiten in y-Richtung verschoben ist. Dies zeigt auch die Untersuchung der 4 markanten Eigenschaften:

1. Die Funktion g hat an manchen Punkten negative y-Werte. Diese sind jedoch an keiner Stelle kleiner als −3. Dies liegt daran, dass die erste Rechenoperation x^2 im Funktionsterm immer positive Zahlen, im Extremfall die Null liefert. Zieht man dann gemäß Funktionsterm noch 3 Einheiten ab, kann das Ergebnis niemals kleiner als $y=-3$ werden.

2. Der Scheitelpunkt von g ist auch ein Tiefpunkt, er liegt um 3 Einheiten verschoben bei $S(0|-3)$ und hat, wie übrigens alle Scheitelpunkte, auch die Steigung Null.

3. Auch g ist eine achsensymmetrische Funktion, denn über die y-Achse kann weiterhin jedem Punkt des Grafen ein entsprechender Spiegelpunkt gegenüber zugeordnet werden.

4. Und auch g(x) ist eine nach oben geöffnete Funktion[10], die Argumentation mit den unendlich großen y-Werten bei unendlich großem Betrag der x-Werte gilt hier ebenso, denn wenn man von einer unendlich großen Zahl y die Zahl 3 subtrahiert, wird sie dadurch am Ende des Tages (gemäß der Logik dieser abstrakten Vorstellung) nicht nennenswert kleiner. Geht x gegen negativ oder positiv Unendlich, dann geht y also gegen positiv Unendlich.

Alle quadratischen Funktionen bauen logisch auf der Normalparabel auf. Deshalb ist es durchaus üblich, eine quadratische Funktion mit den Eigenschaften zu beschreiben, durch die sie sich von der Normalparabel unterscheidet. Die Funktion g ist dann „eine um drei Einheiten nach unten verschobene Normalparabel“. Um diese Verschiebung noch einmal ganz deutlich zu machen, habe ich alle Punkte im Schaubild von g mit dem gleichen Buchstaben versehen wie die entsprechenden Punkte von f. Schau bitte noch einmal auf die beiden Grafen auf Seite 11 und achte dabei besonders auf die Koordinaten der Punkte A bis F im Vergleich.

[10] Streng genommen müsste ich bei der Besprechung der grafischen Eigenschaften nicht von „der Funktion“, sondern von „dem Grafen der Funktion“ sprechen. Ich erlaube mir hier wieder eine Vereinfachung, denn ich möchte ja gerade betonen, dass die Eigenschaften von Graf, Tabelle und Rechnung zusammenhängen.

In den nächsten Kapiteln geht es darum, was bestimmte Veränderungen im Funktionsterm anschließend in der Wertetabelle und damit im Aussehen des Grafen bewirken. Das menschliche Gehirn kann sich am besten Bilder merken und nach meiner Erfahrung lässt sich das ganze Thema einschließlich der später behandelten Gleichungen einfach deutlich besser verstehen, wenn man schon anhand des Funktionsterms im wahrsten Sinne des Wortes „ein Bild“ vom Grafen bekommt. Die quadratischen Gleichungen gehören für mich untrennbar zu diesen „grafischen“ Erklärungen dazu, daher behandle ich sie mit ab Kapitel 4.

3. Die „Verwandten“ der Normalparabel: Verschoben, gestreckt, gestaucht oder gespiegelt.

Nach dem Lesen des vorherigen Kapitels sollte dir jetzt (wieder) gegenwärtig sein, wie aus einer mathematischen Funktion die Wertetabelle und danach die Punkte im Koordinatensystem ermittelt werden. Außerdem hast du die sogenannte Normalparabel $f(x) = x^2$ kennengelernt und dir ihr Aussehen im Koordinatensystem eingeprägt. Im Idealfall kannst du jetzt schon den Zusammenhang Funktion-Wertetabelle-Graf beschreiben. Aber Letzteres werde ich hier noch vertiefen. Natürlich werden die behandelten Funktionen nun schwerer.

3.1. Verschoben in Richtung y

Du hast mit der Funktion $g(x) = x^2 - 3$ bereits eine Verwandte der Normalparabel kennenlernt, die um 3 Einheiten nach unten verschoben ist. Falls du bereits den Übungsteil ab Seite 69 begonnen hast, kennst du aus Aufgabe 2.2 vielleicht schon ein zweites Beispiel so einer Verschiebung der Normalparabel in y-Richtung. Und Mathematiker wären keine Mathematiker, wenn sie dies nicht verallgemeinern würden.

Allgemeine Form einer Normalparabel, die um den Wert y_0 nach oben oder unten verschoben ist:

$g(x) = x^2 + y_0$

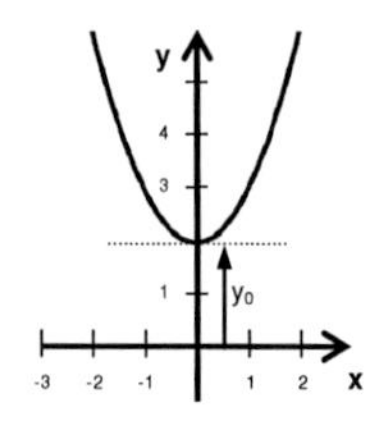

Beachte dabei: ein positives y_0 (wie in der Zeichnung rechts) bewirkt eine Verschiebung nach oben, ein negatives y_0 bewirkt eine Verschiebung nach unten.

Der Zusatz + y_0 im Funktionsterm, den es bei der Normalparabel nicht gibt, bewirkt, dass gegenüber dem y-Wert jedes Punktes der Normalparabel der Wert y_0 hinzukommt (bzw. bei $y_0 < 0$ abgezogen wird). Jeder Punkt dieser Parabel liegt also in seiner Höhe (was nichts anderes als seine y-Koordinate ist) entsprechend höher oder tiefer. Die Eigenschaften einer solchen Parabelfunktion sind schnell beschrieben:

1. Ihr Definitionsbereich ist der gesamte reelle Zahlenbereich, ihr Wertebereich beginnt bei y_0 und geht bis ins positiv Unendliche. $\mathbb{D}=\mathbb{R}$ $\mathbb{W}=\{y\in\mathbb{R}\,;y\geq y_0\}$
   Bei der Angabe der Mengen ist es gut möglich, dass ihr eine andere Schreibweise nutzt. Es gibt hier sehr viele. Gemeinsam ist allen, dass sie erstens eine eindeutige Aussage über die zugrundeliegende Zahlenmenge machen, das ist fast immer der Buchstabe $\mathbb{R}$, und zweitens weitere Einschränkungen angeben, hier z.B. die Einschränkung $y\geq y_0$ – also der y-Wert eines beliebigen Punktes ist mindestens so groß ist wie der Verschiebungswert y_0.
2. Der Scheitelpunkt von g ist immer ein Tiefpunkt, er liegt bei $S(0|\ y_0)$.
3. g ist achsensymmetrisch.
4. g ist eine nach oben geöffnete Funktion.

Hilfreich für die noch kommenden Funktionen ist es, wenn du einen Blick dafür entwickelst, was bei einer Funktion mit dem x in welcher Reihenfolge passiert, wenn es die einzelnen Rechnungen der Funktionsvorschrift „durchläuft“, bis es schließlich den Wert von y hat. Die etwas einfacheren Taschenrechner sind für diese Vorstellung übrigens besser geeignet. Dort wird nämlich während der Eingabe der Rechenoperationen immer schon das Zwischenergebnis im Display angezeigt. Bei moderneren Rechnern gibt der Schüler den ganzen Term in das Display ein, und der Rechner liefert nach Druck der „=“ - Taste das fertige Ergebnis.

Man kann sich eine mathematische Funktion vorstellen als einen mehrstufigen Prozess, eine Abfolge von Rechenschritten. Jeder Prozess beginnt mit einer Zahl und endet mit einer Zahl, die sich aufgrund einer bestimmten Rechnung ergibt. Die Funktion x^2 kann z.B. mit einem einzigen Prozess bzw. mit einer einzigen Rechnung abgebildet werden.

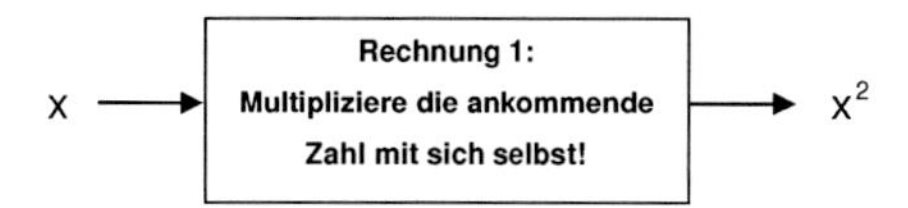

Läuft in diesen Prozess z.B. links der Wert x=3 hinein, dann kommt rechts der Wert $x^2=9$ heraus. Möchten wir die Funktion $g(x)=x^2-3$ so modellieren, brauchen wir 2 Prozesse.

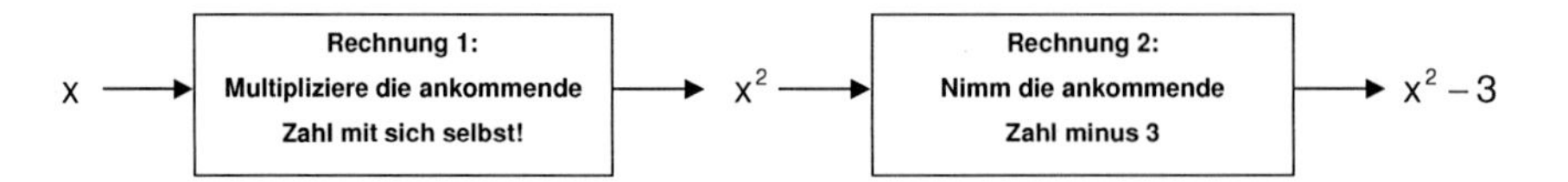

Läuft in diesen Prozess z.B. ganz links der Wert x=3 hinein, dann entsteht in der Mitte das Zwischenergebnis 9. Dieses wird in der zweiten Rechnung wieder um den Wert 3 verkleinert, so dass am Ende der Wert y=6 herauskommt. Zu der Funktion g(x) gehört also das Wertepaar x=3 und y=6, also der Punkt (3|6).

Warum ist mir (und einigen Lehrern) diese Darstellung so wichtig? Im Abitur wird dich niemand auffordern, solche Kästchen zu skizzieren. Wichtig ist aber, dass du erkennst, welche Rechenoperationen in welcher Reihenfolge auf den Wert x (bzw. seine Zwischenergebnisse) wirken. Du wirst auf den nächsten Seiten sehr schnell merken, dass es nicht immer so einfach bleibt wie hier. Aber immer gilt dies:

Eine Funktion f(x) wird in Richtung der y-Achse (d.h. nach oben oder unten) um den Wert y_0 verschoben, indem man im Funktionsterm ALS LETZTE Rechenoperation die Verschiebung $+y_0$ ausführt.

Übrigens: Die Normalparabel selbst kann in diesem Sinne als „eine um den Wert NULL nach oben verschobene Funktion" angesehen werden und mit $f(x) = x^2 + 0$ dargestellt werden. Die angehenden Abiturienten unter meinen Lesern dürfen sich hier auch schon einmal Gedanken machen, wie viele Schnittpunkte mit der x-Achse der Graf einer Funktion vom Schema $g(x) = x^2 + y_0$ hat, bzw. wie das von y_0 abhängt. (Vgl. 5.1 & 5.2: h(x), ab Seite 83)

3.2. Normalparabel mit einem Streckfaktor (gestaucht, gestreckt, gespiegelt an x-Achse)

Damit komme ich zur nächsten Verwandten der Normalparabel. In allen folgenden Beispielen werde ich mich mit dem Buchstaben f immer auf die Funktion der Normalparabel $f(x) = x^2$ beziehen, die du auf Seite 10 und 11 mit einer Wertetabelle und einer Grafik findest. Sollte dir etwas nicht mehr gegenwärtig sein, dann blättere ruhig noch einmal zurück, dies ist ausdrücklich von mir so vorgesehen. Bei allen anderen Funktionen erlaube ich mir jetzt mangels passender Buchstaben die mehrfache Verwendung einzelner Buchstaben. Die Funktion g in diesem Kapitel hat also nichts mehr mit der Funktion g auf Seite 11 zu tun.

Beispiel 2: Zum Vordenken und Mitmachen: Erstelle für die genannten Funktionen jeweils eine Wertetabelle und ein Schaubild im Intervall von $-3 \le x \le 3$ (auch so darf man ein x-Intervall darstellen)! Beschreibe dann verbal die Eigenschaften des jeweiligen Grafen.

a) $g(x) = 2x^2$ b) $h(x) = \frac{1}{2}x^2$ c) $i(x) = -\frac{1}{2}x^2$

Wertetabellen

x	−3	−2,5	−2	−1,5	−1	−0,5	0	0,5	1	1,5	2	2,5	3
g(x)	18	12,5	8	5,5	2	0,5	0	0,5	1	5,5	2	12,5	18

x	−3	−2,5	−2	−1,5	−1	−0,5	0	0,5	1	1,5	2	2,5	3
h(x)	4,5	3,125	2	1,125	0,5	0,125	0	0,125	0,5	1,125	2	3,125	4,5

x	−3	−2,5	−2	−1,5	−1	−0,5	0	0,5	1	1,5	2	2,5	3
i(x)	−4,5	−3,125	−2	−1,125	−0,5	−0,125	0	−0,125	−0,5	−1,125	−2	−3,125	−4,5

Zum Vergleich: Normalparabel

x	−3	−2,5	−2	−1,5	−1	−0,5	0	0,5	1	1,5	2	2,5	3
f(x)	9	6,25	4	2,25	1	0,25	0	0,25	1	2,25	4	6,25	9

Grafisches Schaubild

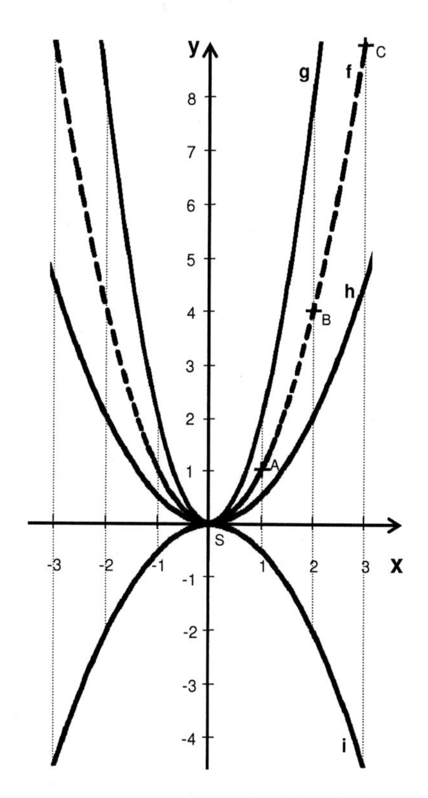

Die bekannte Normalparabel f ist hier gestrichelt dargestellt. Deutlich zu erkennen ist, dass alle diese Funktionen ihren Scheitelpunkt bei (0|0) haben und achsensymmetrisch sind. Die Funktion g ist gegenüber f um den Faktor 2 in y-Richtung „gestreckt", d.h. sie ist „schlanker" als f und es wirkt, als hätte jemand das ganze Koordinatensystem in Richtung der y-Achse in die Länge gezogen. Nur selten bezeichnet man so etwas auch als „Stauchung in Richtung der x-Achse", auf diese Vorstellung werde ich mich aber nicht weiter beziehen.

Beim Graf von h sehen wir demnach eine (in y-Richtung) „gestauchte" Normalparabel. Sie ist „dicker" als die Normalparabel und verläuft quasi auf „halber Höhe".

Die Funktion i ist geometrisch gesehen das Spiegelbild der Funktion h. Sie ergibt sich zeichnerisch, wenn man jeden Punkt von h an der x-Achse spiegelt. In diesem Sinne bezeichnet man sie z.B. als „gestauchte und umgedrehte" oder „gestauchte und gespiegelte" Normalparabel.

Mathematisch gesehen ergeben sich diese unterschiedlichen Verläufe der Grafen durch die unterschiedlichen y-Werte, die gemäß der Funktionsvorschriften f, g, h und i dem x-Wert zugeordnet werden. Nimm dir jetzt bitte etwas Zeit und versuche, anhand der y-Skala zu erkennen, was mit dem Punkt B(2|4) entlang der markierten Linie x=2 bei den anderen drei Parabeln passiert ist bzw. wo er dort liegt. Ein Hinweis, wie du schauen solltest: Die entsprechenden Punkte der anderen Parabeln liegen bei (2|8), bei (2|2) und bei (2|−2) – also auf dem jeweiligen Schnittpunkt des Grafen mit der Senkrechten bei x=2.

Was dir auffallen sollte ist, dass der y-Wert der anderen Parabeln im Vergleich zum Punkt B(2|4) bei g DOPPELT so groß, bei h HALB so groß und bei i HALB so groß und zudem NEGATIV ist. Dieses Prinzip gilt auch für alle anderen Punkte von f. Schau dir nun auch die Punkte A(1|1) und C(3|9) an und überprüfe die entsprechenden Punkte der anderen drei Parabeln in ihrer Lage auf der jeweiligen Senkrechten! Auch hier gilt das Gesagte: Bei h liegt der entsprechende Punkt C bei (3|4,5), also genau halb so hoch wie bei der Normalparabel. Bei i ist er bei (3|−4,5), er hat also einen halb so großen y-Wert, der zudem das andere Vorzeichen trägt. Und bei g liegt er tatsächlich beim doppelt so hohen y-Wert, nämlich im Punkt (3|18), der aber nicht mehr auf der Zeichnung dargestellt ist.

Damit wäre der Zusammenhang vom grafischen Schaubild zu den Wertetabellen hergestellt. Es fehlt also noch, dass wir uns die Funktionsterme genauer ansehen, um zu erkennen, wodurch dieses Prinzip der Verdopplung, Halbierung und Spiegelung der y-Werte der Normalparabel entsteht. Ich erlaube mir, hierfür die Normalparabel als $f(x)=1\cdot x^2$ zu schreiben, da eine Multiplikation mit Eins ja (ebenso wie die Addition von Null) mathematisch neutral (also ohne Wirkung) ist. Dann entsprechen alle diese Funktionen dem allgemeinen Schema eines Faktors multipliziert mit der Normalparabel-Funktion: $g(x)=a\cdot x^2$

Die Normalparabel:	$f(x)=1\cdot x^2$
Die um den Faktor 2 gestreckte (steiler verlaufende) Parabel:	$g(x)=2x^2$
Die um den Faktor $\frac{1}{2}$ gestauchte (flacher verlaufende) Parabel:	$h(x)=\frac{1}{2}x^2$
Die gespiegelte und um den Faktor $\frac{1}{2}$ gestauchte Parabel:	$i(x)=-\frac{1}{2}x^2$

Damit komme ich zu den allgemeinen Eigenschaften der Funktionen. Als Orientierung gelten weiterhin die 4 Erklärungspunkte von Seite 12: Definitions- und Wertebereich, Lage des Scheitels und seine Eigenschaft (Tief- oder Hochpunkt), Verhalten im Unendlichen, Symmetrie. Zusätzlich werde ich nun auch die Eigenschaft der Streckung/Stauchung mit in die Erklärung aufnehmen, auf die ich soeben auf der Vorseite eingegangen bin.

Der Definitionsbereich dieser vier (und aller anderen) Parabeln sind die reellen Zahlen. $\mathbb{D} = \mathbb{R}$ Der Wertebereich hängt immer davon ab, wo der Scheitelpunkt liegt und ob die Parabel nach oben oder unten geöffnet ist. Und damit direkt verbunden ist auch immer das Verhalten in den Randbereichen des Definitionsbereiches. Du erinnerst dich: Das ist salopp gesprochen bei x-Werten ganz weit links und ganz weit rechts jenseits des Koordinatenursprunges.

Die Parabeln f, g und h sind nach oben geöffnet, haben also alle einen Tiefpunkt im Scheitel und streben gegen unendlich große y-Werte, wenn der x-Wert gegen unendlich kleine[11] oder unendlich große Werte geht. Dabei spielt es für eine solche mathematische Analyse übrigens keine Rolle, dass die Funktion h erst wesentlich „später“, also weiter weg vom Ursprung, entsprechend hohe y-Werte erreicht als die höher verlaufenden Parabeln. Entscheidend ist für den Mathematiker, dass y immer weiter wächst, so lange man sich auf der x-Achse weiter nach rechts (bzw. nach links) vom Ursprung entfernt. Damit gilt für f, g und h: $\mathbb{W} = \mathbb{R}_0^+$

Die Parabel $i(x) = -\frac{1}{2}x^2$ ist wegen ihres negativen Faktors $a = -\frac{1}{2}$ nach unten geöffnet. Ihr Scheitel ist dadurch ein Hochpunkt. Für unendlich große und kleine x-Werte geht sie gegen negativ unendliche y-Werte, „taucht“ also in die Tiefen des III. und IV. Quadranten im Koordinatensystem ab. Formell: $\mathbb{W} = \mathbb{R}_0^-$

Schließlich sind alle Parabeln der Form $a \cdot x^2$ symmetrisch zur y-Achse. Zusammenfassung:

Allgemeine Form einer Normalparabel nach Multiplikation mit einem Faktor:

	Dabei gilt immer: $a \neq 0$
$g(x) = a \cdot x^2$	Streckung der Parabel, wenn $\lvert a \rvert > 1$
	Stauchung der Parabel, wenn $\lvert a \rvert < 1$
	nach unten geöffnete Parabel, wenn $a < 0$

[11] Übrigens: Um hier einmal mit einem weit verbreiteten Missverständnis aufzuräumen: Unendlich klein hat im reellen Zahlenraum nichts mit dem Wert 0 zu tun, sondern bedeutet immer „gegen minus Unendlich“.

Im Kästchen-Schema sollte man sich einen zweistufigen Prozess vorstellen, bei dem auf den fertigen y-Wert einer Normalparabel (in der Mitte) noch die Rechenoperation „mal a" wirkt, so dass z.B. der Wert a=2 zu einem „mal 2" und damit zu einer Verdoppelung jedes y-Wertes gegenüber der Normalparabel führt, so wie oben im Vergleich der Funktionen f und g gezeigt.

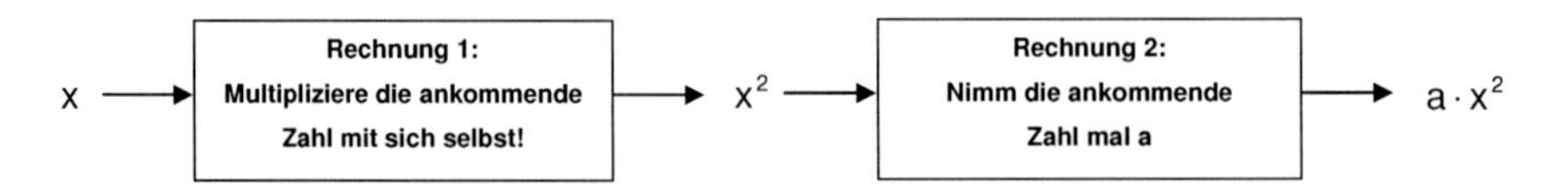

3.3. Normalparabel mit Streckfaktor und y-Verschiebung

Beispiel 3: Erstelle für die genannten Funktionen jeweils eine Wertetabelle und ein Schaubild zwischen den Grenzen x=−3 und x=3. Überlege dir die Eigenschaften des jeweiligen Grafen wie Lage vom Scheitelpunkt, Streckung und Wertebereich!

a) $g(x)=\frac{1}{2}x^2+1$ b) $h(x)=\frac{1}{2}x^2-2$ c) $i(x)=-x^2-2$

Wertetabellen

x	−3	−2,5	−2	−1,5	−1	−0,5	0	0,5	1	1,5	2	2,5	3
g(x)	5,5	4,125	3	2,125	1,5	1,125	1	1,125	1,5	2,125	3	4,125	5,5

x	−3	−2,5	−2	−1,5	−1	−0,5	0	0,5	1	1,5	2	2,5	3
h(x)	2,5	1,125	0	−0,875	−1,5	−1,875	−2	−1,875	−1,5	−0,875	0	1,125	2,5

x	−3	−2,5	−2	−1,5	−1	−0,5	0	0,5	1	1,5	2	2,5	3
i(x)	−11	−8,25	−6	−4,25	−3	−2,25	−2	−2,25	−3	−4,25	−6	−8,25	−11

Zum Vergleich:
Normalparabel

x	−3	−2,5	−2	−1,5	−1	−0,5	0	0,5	1	1,5	2	2,5	3
f(x)	9	6,25	4	2,25	1	0,25	0	0,25	1	2,25	4	6,25	9

Übrigens: Auch die Verwendung von Brüchen statt Dezimalzahlen in der Wertetabelle ist selbstverständlich zulässig. Ich empfehle aber Dezimalzahlen („Komma-Zahlen"), weil man beim Einzeichnen der Werte dann eine bessere Orientierung auf der Achsen-Skala hat. Ich runde meistens auf zwei Nachkommastellen, manche Lehrer verlangen auch mehr.

Grafisches Schaubild

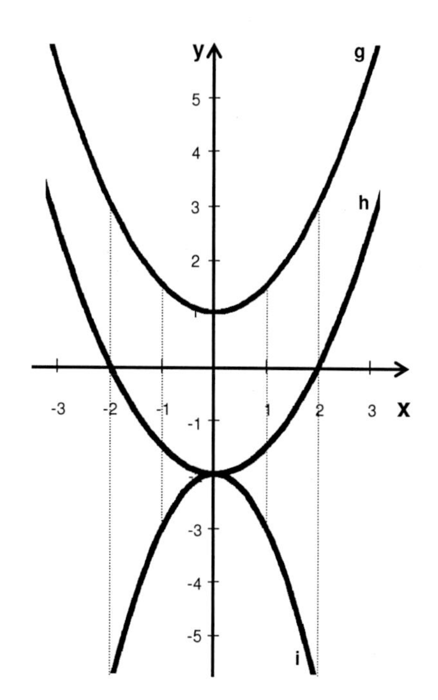

Aus Gründen der Übersichtlichkeit ist die Normalparabel x^2 hier nicht abgebildet. Auf den ersten Blick sollte man schon erkennen, dass die Grafen der Funktionen h und g nach oben geöffnet sind, während der Graf von i eine nach unten offene Funktion ist. Weiterhin sollten wir auf die „Dicke" der Parabel achten. g und h sind gestaucht gegenüber der Normalparabel, Funktion i ist weder gestaucht noch gestreckt, aber gespiegelt. Und ganz besonders wichtig für die Lage einer Parabel ist die Position ihres Scheitelpunktes. Dieser liegt bei g in (0|1), bei den anderen beiden in (0|−2). Überlege nun selbst, welche Bestandteile im Funktionsterm von g, h und i zu diesen Eigenschaften führen!

Ab jetzt werde ich darauf verzichten, jedes Mal die formal mathematische Beschreibung aller Funktionseigenschaften mit großen Worten vorzunehmen. Die folgenden formalen Angaben sollten dir jetzt ausreichen, um auch ohne Schaubild „ein Bild" vom Grafen zu bekommen.

Zu g(x): $\mathbb{D} = \mathbb{R}$; $y \geq 1$; S(0|1) ; gestauchte, nach oben geöffnete Parabel
Zu h(x): $\mathbb{D} = \mathbb{R}$; $y \geq -2$; S(0|−2); gestauchte, nach oben geöffnete Parabel
Zu i(x): $\mathbb{D} = \mathbb{R}$; $y \leq -2$; S(0|−2); nach unten geöffnete Parabel

Damit zurück zu den Funktionstermen. Schreibt man die Normalparabel als $f(x) = 1 \cdot x^2 + 0$, dann wird deutlich, durch welche zwei Modifikationen sich unsere drei Funktionen von ihr unterscheiden. Es ist der „Streckfaktor" am Anfang und die „y-Verschiebung" am Ende.

$g(x) = \frac{1}{2}x^2 + 1$ gestaucht mit Faktor $+\frac{1}{2}$ und Scheitelpunkt verschoben um +1 nach oben.

$h(x) = \frac{1}{2}x^2 - 2$ gestaucht mit Faktor $+\frac{1}{2}$ und Scheitelpunkt verschoben um −2 Einheiten, also um −2 Schritte auf der y-Skala, also 2 Schritte nach UNTEN.

$i(x) = -x^2 - 2$ Streckfaktor ist −1, von dem natürlich nur das Vorzeichen zu sehen ist. Also Spiegelung, die Parabel ist nach unten offen. Scheitelpunkt bei (0|−2).

Allgemeine Form einer Normalparabel mit Streckfaktor a und Verschiebungswert in y-Richtung y_0: $g(x) = a \cdot x^2 + y_0$

a bestimmt die Streckung/Stauchung und ob die Parabel nach oben oder unten geöffnet ist (und damit zusammenhängend Grenzwertverhalten, Wertebereich). y_0 bestimmt die vertikale Verschiebung und damit die Lage des Scheitelpunktes, der bei $S(0|y_0)$ liegt. Alle Funktionen von diesem Schema sind achsensymmetrisch.

Im Kästchen-Schema braucht man nun drei Stufen zur Darstellung der Funktion.

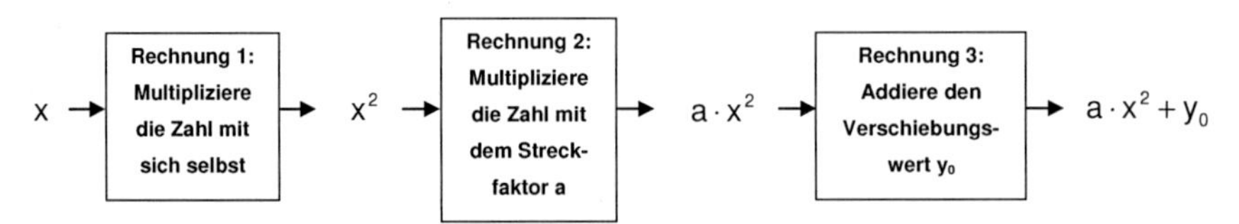

Beachte, dass die Reihenfolge, in der die Kästchen (also die einzelnen Rechenschritte) aufeinander folgen, der vorgegebenen Priorität im Funktionsterm folgen muss, also Potenzrechnung vor Punktrechnung vor Strichrechnung[12]. Mit anderen Worten: Die Reihenfolge, in der man aus einem x-Wert den y-Wert im Kopf errechnen würde, muss auch bei dem Prozessbild eingehalten werden. So langsam wird hoffentlich deutlich, worum es mir dabei geht: Die einzelnen Kästchen lassen sich jetzt nämlich nicht nur interpretieren als Rechenschritt, der auf ein Zwischenergebnis wirkt, sondern auch als die Modifikation des Grafen der Normalparabel. In Rechnung 2 wird die Normalparabel gestreckt, gestaucht oder gespiegelt. In Rechnung 3 schließlich wird der gesamte Graf noch einmal in y-Richtung verschoben.

Wenn man den ersten Schritt ändert und diese Modifikationen auf eine andere Funktion als die Normalparabel anwendet, funktioniert es im Übrigen genau so. Wenn du Mühe hast, dir die Streckung und Verschiebung einer Funktion vorzustellen, hilft es dir vielleicht, wenn du einmal folgenden Versuch machst: Zeichne eine Parabel auf einen luftleeren Luftballon. Beobachte dann, wie sich die Zeichnung verändert, wenn du Luft in den Ballon hinein bläst oder wieder Luft heraus lässt. Die (Farb-) Punkte, aus denen sich die Parabel zusammensetzt, bleiben die gleichen, und die grundsätzliche charakteristische Bogenform bleibt auch erhalten. Nur die Lage der Punkte zueinander wird verändert.

[12] In den noch kommenden Beispielen werden noch Klammern dazu kommen, die natürlich die höchste Priorität haben.

3.4. Normalparabel mit x-Verschiebung (waagerechte Verschiebung)

Beispiel 4: Erstelle für die genannten Funktionen jeweils eine Wertetabelle und ein gemeinsames Schaubild zwischen den Grenzen $x=-4$ und $x=3$. Achte dabei besonders darauf, welche Gemeinsamkeiten die Wertetabellen von g, h und i mit der Normalparabel haben. Wie viele Grafen sind am Ende zu sehen?

a) $g(x)=(x+2)^2$ b) $h(x)=(x-1)^2$ c) $i(x)=x^2-2x+1$

Wertetabellen

x	−4	−3,5	−3	−2,5	−2	−1,5	−1	−0,5	0	0,5	1	1,5	2	2,5	3
g(x)	4	2,25	1	0,25	0	0,25	1	2,25	4	6,25	9	12,25	16	20,25	25

x	−4	−3,5	−3	−2,5	−2	−1,5	−1	−0,5	0	0,5	1	1,5	2	2,5	3
h(x)	25	20,25	16	12,25	9	6,25	4	2,25	1	0,25	0	0,25	1	2,25	4

x	−4	−3,5	−3	−2,5	−2	−1,5	−1	−0,5	0	0,5	1	1,5	2	2,5	3
i(x)	25	20,25	16	12,25	9	6,25	4	2,25	1	0,25	0	0,25	1	2,25	4

Normal-parabel:

x	−4	−3,5	−3	−2,5	−2	−1,5	−1	−0,5	0	0,5	1	1,5	2	2,5	3
f(x)	16	12,25	9	6,25	4	2,25	1	0,25	0	0,25	1	2,25	4	6,25	9

Die Tabellen von h und i sind identisch, denn es handelt sich um identische Funktionen. Wer die 2. binomische Formel noch kennt ☺, sollte das erkannt haben. Wie die Striche zwischen den Tabellen zeigen, haben gleiche y-Werte in der Tabelle jeweils die gleichen Nachbarwerte, lediglich der zugehörige x-Wert ist anders, er ist „verschoben". Dies zeigt auch die Grafik.

Grafisches Schaubild

Gegenüber der gestrichelt dargestellten Normalparabel x^2 sind die drei Funktionen g, h und i in waagerechter Richtung bzw. x-Richtung verschoben. Diese Verschiebung ist nicht zu verwechseln mit der bereits besprochenen y-Verschiebung!

Im Folgenden will ich auf die Systematik der x-Verschiebung eingehen und werde daher nichts mehr zur Funktion i sagen, deren Graf deckungsgleich auf dem Grafen von h liegt. Die Verwandlung einer bestimmten Funktion in unterschiedliche Erscheinungsformen ist ein anspruchsvolles Thema für sich allein, ich behandle es ausführlich in Abschnitt 4.

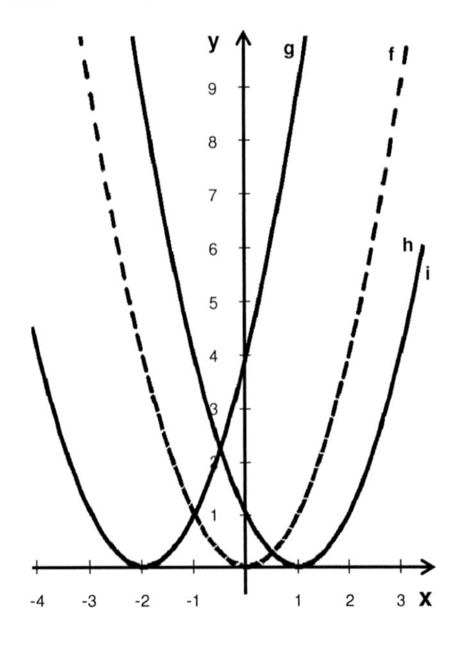

Die mathematische Analyse der Funktionseigenschaften liefert folgendes:

Zu g(x): $\mathbb{D}=\mathbb{R}$; $y\geq 0$; $S(-2|0)$; nach oben geöffnet, 2 Einheiten nach LINKS verschoben.

Zu h(x): $\mathbb{D}=\mathbb{R}$; $y\geq 0$; $S(1|0)$; nach oben geöffnet, 1 Einheit nach RECHTS verschoben.

Beide Funktionen haben keine Symmetrie mehr zur y-Achse, weil ihr Symmetriepunkt, der Scheitel, nicht mehr auf der y-Achse liegt[13].

Verallgemeinern wir das Schema der Funktionen g und h und nennen den Verschiebungswert in x-Richtung x_0, dann lautet es: $g(x)=(x-x_0)^2$

Beachte dabei besonders das Minuszeichen vor dem x_0! Ist $x_0=1$, also positiv, dann steht in der Klammer „x−1", wie bei h(x) gezeigt, und der Scheitelpunkt verschiebt sich nach rechts. Ist $x_0=-2$, also negativ, dann steht in der Klammer „x+2", die Parabel wandert nach links.

Allgemeine Form einer Normalparabel, die um den Wert x_0 waagerecht verschoben ist

$$g(x)=(x-x_0)^2$$

x_0 bestimmt die Verschiebung und damit die Lage des Scheitelpunktes, der bei $S(x_0|0)$ liegt.

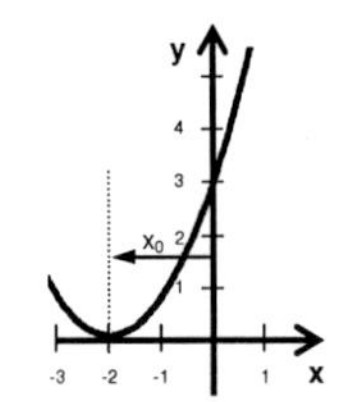

$x_0>0$ → Verschiebung nach rechts

$x_0<0$ → Verschiebung nach links

Im Kästchen-Schema ist es wichtig, dass die Klammer-Rechnung vor allen anderen Schritten ausgeführt wird. Eine Verschiebung in x-Richtung, bei der sich ansonsten nichts ändern soll, kann nur erfolgen, wenn der x-Wert verschoben (also vergrößert oder verkleinert) wird, noch bevor die eigentliche Funktionsvorschrift „hoch 2" Anwendung findet.

[13] Normalerweise wird bei der Symmetrie nur nach den sogenannten „einfachen" Symmetrien geschaut, also der Symmetrie zur y-Achse („Achsensymmetrie") oder zum Ursprung („Punktsymmetrie"), letztere gibt es bei quadratischen Parabeln nicht. Natürlich gibt es hier Symmetrie zur Achse bei x=−2 bzw. bei x=1.

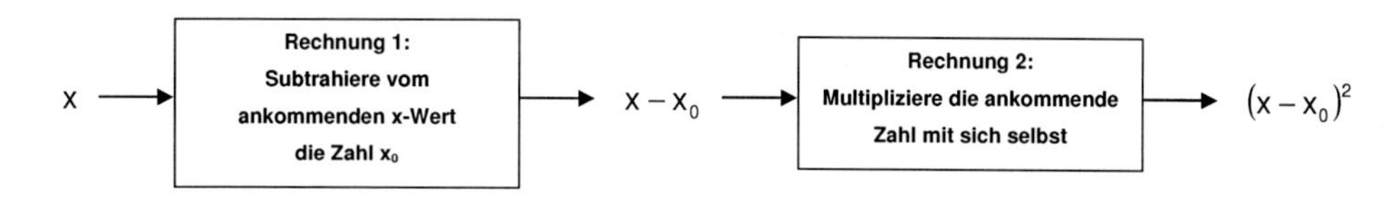

In Rechnung 1 wird der x-Wert durch einen Wert ausgetauscht, der um x_0 Einheiten weiter links auf der x-Achse liegt. Bei der Funktion $h(x)=(x-1)^2$ wird beispielsweise in diesem ersten Rechenschritt innerhalb der Klammer eine Einheit ($x_0=1$) vom ankommenden x-Wert abgezogen. Die Folge ist, dass der nachfolgende Rechenschritt „hoch 2" mit einem anderen Wert arbeitet. Läuft beispielsweise der Wert x=1 in das Schema von links rein, so wird dieser im ersten Rechenschritt zum Zwischenwert $x-x_0=0$ gemacht. Wir stehen also bei dieser Funktion praktisch genau dort, wo die Normalparabel den Wert x=0 hat: Im Scheitelpunkt!

Eine Funktion f(x) wird in Richtung der x-Achse (d.h. nach rechts oder links) um den Wert x_0 verschoben, indem man im Funktionsterm ALS ERSTE Rechenoperation die Verschiebung $-x_0$ ausführt.

Vergleiche hierzu bitte auch den Hinweiskasten zur y-Verschiebung (Seite 18). Die Normalparabel kann in diesem Sinne natürlich angesehen werden als $f(x)=(x-0)^2$.

3.5. Normalparabel mit x-Verschiebung und Streckfaktor

Beispiel 5: Erstelle für die genannten Funktionen jeweils eine Wertetabelle und ein gemeinsames Schaubild der Grafen in den Grenzen x=−4 bis x=3. Vergleiche die Grafen mit Beispiel 4, Seite 26.

a) $g(x)=\frac{1}{2}\cdot(x+2)^2$ b) $h(x)=-(x-1)^2$

Wertetabellen

x	−4	−3,5	−3	−2,5	−2	−1,5	−1	−0,5	0	0,5	1	1,5	2	2,5	3
g(x)	-2	-1,13	-0,5	-0,13	0	-0,13	-0,5	-1,13	-2	-3,13	-4,5	-6,13	-8	-10,13	-12,5

x	−4	−3,5	−3	−2,5	−2	−1,5	−1	−0,5	0	0,5	1	1,5	2	2,5	3
h(x)	-25	-20,25	-16	-12,25	-9	-6,25	-4	-2,25	-1	-0,25	0	-0,25	-1	-2,25	-4

Grafisches Schaubild

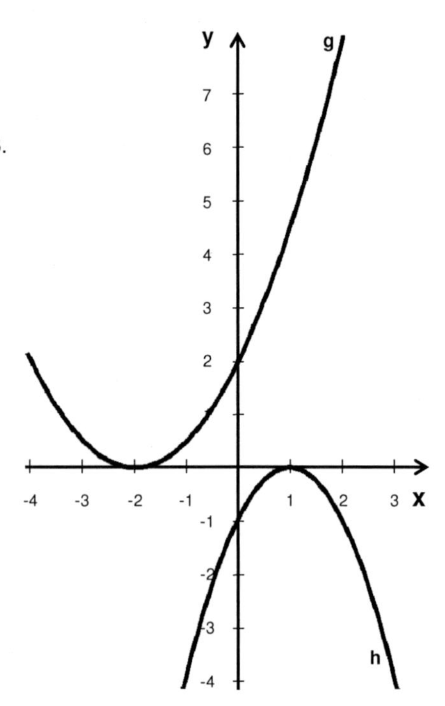

Der Graf von g ist gegenüber Beispiel 4 gestaucht um den Faktor $\frac{1}{2}$. Deutlich zu erkennen ist dies z.B. am y-Abschnitt. Durch den Faktor $\frac{1}{2}$ im Funktionsterm erreicht die Funktion hier nur den y-Wert („die Höhe") 2, zuvor war es 4. An der Lage des Scheitelpunktes ändert sich durch den Streckfaktor weder bei g noch h etwas.

Der Graf von h wurde durch das negative Vorzeichen im Funktionsterm gegenüber Beispiel 4 an der x-Achse gespiegelt. Dieses Vorzeichen, welches letztlich nichts anderes als die Rechenoperation „mal minus 1" ist, bewirkt also eine Veränderung der Öffnungsrichtung der Parabel. Damit besitzt h nun einen Hochpunkt und die Eigenschaft, an den Rändern des Definitionsbereiches ins negativ Unendliche zu gehen.

Ist der x-Wert im Funktionsterm durch den Klammerteil erst einmal auf einen anderen Wert gebracht (also grafisch gesehen nach links oder rechts verschoben worden), so wirken sich alle anderen Rechenoperationen so wie in Beispiel 1 bis 3 gezeigt aus. Deshalb liefere ich hier nur noch knapp das Kästchenschema und komme dann gleich zum nächsten Beispiel.

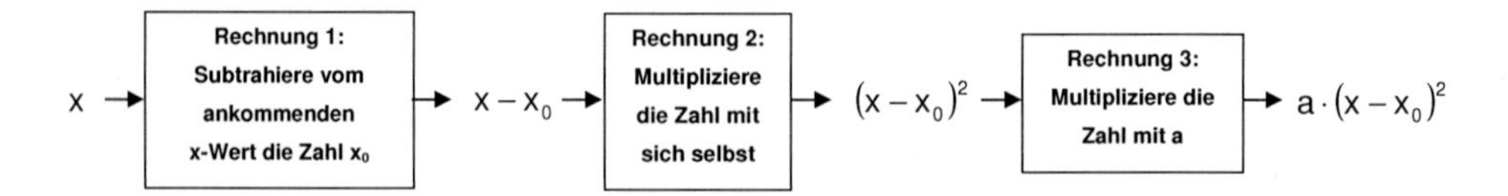

3.6. Normalparabel mit x-y-Verschiebung des Scheitelpunktes

Beispiel 6: Erstelle für die genannten Funktionen jeweils eine Wertetabelle und ein Schaubild der Grafen in den Grenzen $x=-4$ bis $x=3$. Tipp: Die Funktion i(x) ist identisch mit einer der anderen beiden Funktionen.

a) $g(x) = (x+2)^2 + 3$ b) $h(x) = (x-1)^2 - 1$ c) $i(x) = x^2 - 2x$

Wertetabellen

x	−4	−3,5	−3	−2,5	−2	−1,5	−1	−0,5	0	0,5	1	1,5	2	2,5	3
g(x)	7	5,25	4	3,25	3	3,25	4	5,25	7	9,25	12	15,25	19	23,25	28

x	−4	−3,5	−3	−2,5	−2	−1,5	−1	−0,5	0	0,5	1	1,5	2	2,5	3
h(x)	24	19,25	15	11,25	8	5,25	3	1,25	0	−0,75	−1	−0,75	0	1,25	3

x	−4	−3,5	−3	−2,5	−2	−1,5	−1	−0,5	0	0,5	1	1,5	2	2,5	3
i(x)	24	19,25	15	11,25	8	5,25	3	1,25	0	−0,75	−1	−0,75	0	1,25	3

Du erkennst: Funktion i ist identisch mit Funktion h. Sie ergibt sich nach Anwendung der 2. binomischen Formel, wobei sich die Summanden −1 und +1 anschließend auslöschen.

Grafisches Schaubild

Auch hier versteht man das Bild am besten, wenn man die Abbildung von Beispiel 4 auf Seite 26 noch vor Augen hat. Der Scheitelpunkt der Funktion g wird durch den Klammerteil des Funktionsterms zunächst um 2 Einheiten nach links verschoben, und schließlich durch die mathematische Operation +3, die als letztes gerechnet wird, noch einmal um 3 Einheiten nach oben verlegt, so dass er bei S(−2|3) liegt. Von ihrer Streckung entsprechen beide Funktionen der Normalparabel.

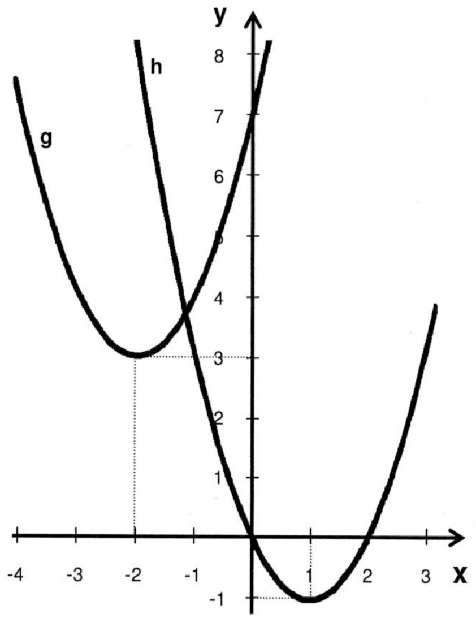

Funktion h wird durch den Zusatz −1, der gegenüber Beispiel 4 hinter der Klammer als letzte Rechenoperation hinzukam, um eine Einheit nach unten versetzt. Der neue Scheitelpunkt ist S(1|−1). Damit gilt:

> **Die allgemeine Form einer Normalparabel, deren Scheitelpunkt auf den Punkt $S(x_0|y_0)$ verschoben ist:** $g(x) = (x - x_0)^2 + y_0$

In diesem Sinne kann die Normalparabel gesehen werden als: $f(x) = (x - 0)^2 + 0$

Beim Kästchenschema ist wieder zu beachten, dass die x-Verschiebung stets als erste Rechenoperation zu erfolgen hat und die y-Verschiebung immer als letztes in Kraft tritt.

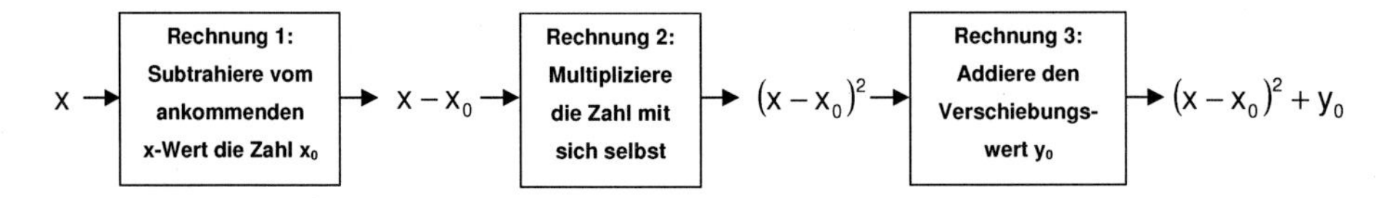

In einigen Kursen, die sich mit etwas weniger zufrieden geben, bezeichnet man die Erscheinungsform $(x-x_0)^2+y_0$ schon als „Scheitelpunktform". Aber das ist eigentlich nicht korrekt, denn diese Form ermöglicht es nicht, durch Veränderung der Werte die Streckung der Parabel zu verändern. In aller Regel bezeichnet man daher das Folgende als die „Scheitelpunktform", da diese in der Lage ist, wirklich jede quadratische Parabel zu erzeugen.

3.7. Normalparabel mit x, y-Verschiebung und Streckfaktor (die „Scheitelpunktform")

Beispiel 7: Erstelle für die genannten Funktionen jeweils eine Wertetabelle und ein Schaubild der Grafen in den Grenzen x=−3 bis x=3. Vergleiche dann mit Beispiel 5 und 6.

a) $g(x)=\frac{1}{2}\cdot(x+2)^2+3$ b) $h(x)=-(x-1)^2-1$ c) $i(x)=2\cdot(x-1)^2-1$

Wertetabellen

x	−3	−2,5	−2	−1,5	−1	−0,5	0	0,5	1	1,5	2	2,5	3
g(x)	3,5	3,13	3	3,13	3,5	4,13	5	6,13	7,5	9,13	11	13,13	15,5

x	−3	−2,5	−2	−1,5	−1	−0,5	0	0,5	1	1,5	2	2,5	3
h(x)	-17	-13,25	-10	-7,25	-5	-3,25	-2	-1,25	-1	-1,25	-2	-3,25	-5

x	−3	−2,5	−2	−1,5	−1	−0,5	0	0,5	1	1,5	2	2,5	3
i(x)	31	23,5	17	11,5	7	3,5	1	-0,5	-1	-0,5	1	3,5	7

Grafisches Schaubild

Wer schon die vorangegangenen Beispiele verstanden hat, für den ist das Schaubild keine Überraschung mehr. Die Funktion g hat gegenüber der Normalparabel drei Modifikationen: 1.) Ihr Scheitelpunkt ist in x-Richtung 2 Schritte nach links verschoben, 2.) und um 3 Einheiten nach oben. 3.) Die Parabel, die auf diesem Scheitelpunkt „sitzt" ist um den Faktor $\frac{1}{2}$ gestaucht.

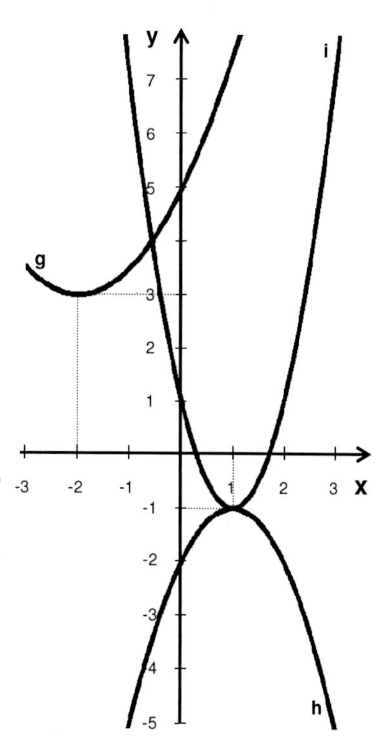

Auch Funktion h ist eine Kombination von den drei Modifikationen, die zuvor einzeln schon thematisiert wurden. 1.) Ihr Scheitelpunkt ist einen Schritt nach rechts verschoben. 2.) Der Scheitel liegt eine Einheit unterhalb der x-Achse, also bei der Koordinate y=−1. 3.) Durch das negative Vorzeichen bzw. den Streckfaktor a=−1 steht sie im Vergleich zur Normalparabel „auf dem Kopf".

Ich hoffe, dass du jetzt auch den Zusammenhang des Grafen von i mit seinem Funktionsterm $2 \cdot (x-1)^2 - 1$ erkennst: Für den Scheitelpunkt gilt das bei h Gesagte, er liegt bei S(1|−1). Die Streckung mit der vorangestellten 2 bewirkt, dass die y-Werte dieser Parabel doppelt so hoch zum Niveau (also der y-Koordinate) des Scheitelpunktes liegen wie bei der Normalparabel.

Die Scheitelpunktform ist die Verallgemeinerung aller zuvor behandelten Fälle zur Verschiebung und Streckung/Stauchung/Spiegelung der Normalparabel. Durch Veränderung der drei Größen a, x_0 und y_0, die jeweils mit konkreten Zahlenwerten ersetzt werden, kann man mit diesem Funktionsschema JEDE quadratische Parabel[14] erzeugen.

Jede quadratische Parabel kann mit der sog. „Scheitelpunktform" geschrieben werden: $g(x) = a \cdot (x - x_0)^2 + y_0$

Dabei ist a der Streckfaktor, der die Streckung bestimmt und die Richtung, in die die Parabel geöffnet ist. (Vergleiche hierzu Seite 21). Ist der Streckfaktor a=1 bzw. neutral, dann wird er normalerweise nicht hingeschrieben.

x_0 und y_0 sind die Verschiebungswerte des Scheitelpunktes gegenüber der Normalparabel, der bei $S(x_0|y_0)$ liegt. Beträgt ein Verschiebungswert 0, dann wird er normalerweise nicht hingeschrieben.

[14] „quadratische" Parabeln sind diejenigen, bei denen im Funktionsterm als höchste Potenz die 2 auftaucht. Gelegentlich werden diese auch als „Parabeln 2. Ordnung" oder „2.Grades" bezeichnet.

In diesem Sinne kann man alle vorangegangenen Beispiele auf die Scheitelpunktform bringen. Die Normalparabel selbst könnte man so schreiben als $f(x)=1\cdot(x-0)^2+0$, woraus man folgerichtig ablesen kann, dass ihr Scheitelpunkt bei S(0|0) liegt und sie eine nicht gestauchte und nicht gestreckte Parabelfunktion bildet, die nach oben geöffnet ist (Streckfaktor ist a=1).

Im Kästchenschema werden nun 4 Rechenschritte nacheinander abgearbeitet:

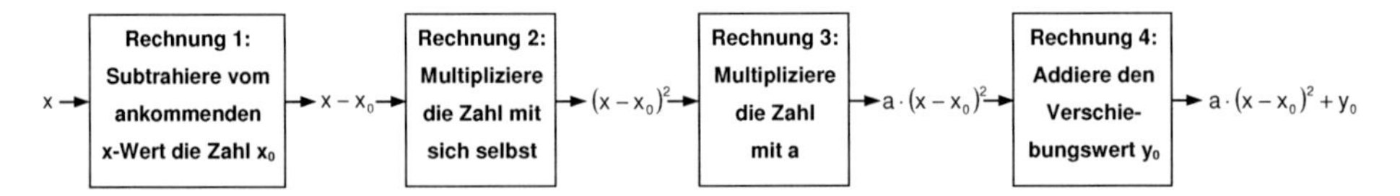

Wenn du bis hierhin immer brav die Wertetabelle erstellt hast, um dann die Grafen anhand der einzelnen Punkte zu zeichnen, dann wirst du bemerkt haben, dass das eine ganze Menge Zeit kostet. Die gute Nachricht ist: Mit ein wenig Sachverstand geht es auch viel schneller. Man kann sogar den Schritt mit der Tabelle komplett überspringen und sofort den Grafen zeichnen. Wie es funktioniert, erkläre ich jetzt.

3.8. Im Handumdrehen den Grafen zeichnen mithilfe der Scheitelpunktform

Wie du in Kapitel 3 bisher gelernt hast, baut jede Parabel auf der Normalparabel auf. Ihre wesentlichen Merkmale lassen sich beschreiben durch die Lage des Scheitelpunktes und durch den Wert des Streckfaktors a. Diese lassen sich an der Scheitelpunktform (leider nicht an jeder Form, die du später noch kennenlernen wirst ☹) einfach herauslesen.

Der nun folgende Trick beruht darauf, dass jede Parabel auf ihrem Scheitelpunkt aufbaut und sich die anderen Punkte systematisch aus dem Scheitelpunkt entwickeln lassen, wenn man den Streckfaktor und die Öffnungsrichtung der Parabel beachtet und sich einigermaßen gut mit den entsprechenden Punkten der Normalparabel auskennt.

Um die Methodik zu erlernen, zeige ich dir zunächst, wie man es schafft, die Normalparabel zeichnerisch zu entwickeln. Nimm dir hierfür bitte jetzt ein Blatt kariertes Papier und einen spitzen Bleistift. Dort zeichnest du die beiden Achsen und die Skalen-Striche ein, aber noch nicht die Zahlen der Koordinaten, weil wir diese jetzt bei jedem Punkt neu abzählen werden. Jetzt geht es Schritt für Schritt.

1. Schritt: Den Scheitelpunkt markieren

Wir wissen, dass der Scheitelpunkt bei S(0|0) liegt, also im Ursprung. Dort markieren wir ein zartes Kreuz mit spitzem Bleistift (bitte keine dicken Ballermänner ☹) als zentralen Punkt.

2. Schritt: Den Punkt (1|1) entwickeln

Von der Normalparabel wissen wir, dass sie durch den Punkt (1|1) geht, weil $1^2=1$. Also stellen wir uns mit der Bleistiftspitze in den Punkt (0|0) (bitte jetzt nachmachen) und gehen von dort aus 1cm nach rechts für die x-Richtung und 1cm nach oben für die y-Richtung (bitte ebenfalls machen). Hier liegt der zweite bekannte Punkt, setzte dort nun das zweite Kreuz.

3. Schritt: Weitere Punkte entwickeln

Wir setzen den Bleistift wieder zurück in den Scheitelpunkt (0|0). Nun wollen wir z.B. den Punkt (2|4) markieren (Bedenke: $2^2=4$, zum x-Wert 2 gehört also der y-Wert 4). Also zwei Schritte nach rechts, dann vier Schritte nach oben. Und Markierung setzen. Der dritte Punkt ist nun auf dem Papier. Beachte: Zwei Kästchen auf dem Papier sind immer genau 1 cm.

Das Gleiche können wir dann noch mit dem Punkt (3|9) tun. Und dann zur Abwechslung auch mal ein paar Punkte links vom Scheitel.

4. Schritt: Punkte links vom Scheitelpunkt

Die Normalparabel geht durch den Punkt (−1|1), weil $(-1)^2=1$ (die Klammer niemals vergessen!). Also wieder Stiftspitze zum Ursprung, dann ein Schritt nach LINKS und ein Schritt nach oben, und dort den Punkt markieren. Und weiter: Vom Scheitel (0|0) zwei Schritte nach links und 4 Schritte nach oben. Und so weiter, bis genug Punkte markiert sind.

5. Schritt: Parabel zeichnen

Beim Zeichnen ist es hilfreich, dass man im Scheitel anfängt und dort ganz bewusst mit einer kleinen waagerechten Linie den runden Bogen andeutet. Allzu oft erlebe ich, dass Schüler den Scheitelpunkt spitz zulaufen lassen, dann sieht das Gebilde aber nicht wie eine schöne weich geschwungene Parabel aus, sondern eher wie eine verschrumpelte Gurke.
Außerdem hilft es, wenn du dir beim Zeichnen das Blatt so drehst, dass der Handballen innen von der Parabel liegt, so hat man einfach mehr Gefühl für den geschwungenen Bogen. Weiter weg vom Scheitel muss die Funktion fast geradeaus verlaufen. Auf keinen Fall sollte die Krümmung der Kurve ihre Richtung wechseln – das sehen die Lehrer nicht gern, weil die Funktion dann streng genommen schon einen Wendepunkt hätte (späteres Abi-Thema).

Was bringt uns das nun beim Zeichnen anderer Funktionen, die in der Scheitelpunktform gegeben sind? Sehr viel, denn das Schema lässt sich direkt beim Zeichnen solcher Parabeln übernehmen – jedenfalls so lange, wie keine komplizierten Kommazahlen oder Brüche bei den Werten a, x_0 und y_0 auftreten. Nehmen wir z.B. die Funktion $g(x) = \frac{1}{2} \cdot (x+2)^2 + 3$.

1. Schritt: Den Scheitelpunkt markieren

Mit Kenntnis der allgemeinen Scheitelpunktform sieht man, dass die Koordinaten des Scheitels bei $y_0=3$ und $x_0=-2$ (Achtung! Vorzeichen beachten, es muss genau mit dem Gegenteil aus dem Klammerterm übernommen werden!) liegen. Der erste Punkt S(−2|3) wird mit einem Kreuz markiert und ist die Ausgangsbasis aller weiteren Überlegungen.

2. Schritt: Den Entsprechungspunkt zu (1|1) entwickeln

Jetzt ist es wichtig, dass du beim Markieren der anderen Punkte immer an den Streckfaktor denkst. Im Funktionsterm erkennen wir den Streckfaktor $a = \frac{1}{2}$. Das bedeutet, jede y-Koordinate des entsprechenden Punktes von der Normalparabel muss HALBIERT werden. Es kann dir helfen, wenn du dir einen Merksatz aufsagst, etwa wie ein kleines Gedicht: „Bei der Normalparabel gehe ich EINEN Schritt nach rechts und EINEN Schritt nach oben“. Deine Bleistiftspitze wandert jetzt vom Scheitelpunkt S(−2|3) zeitgleich mit dem Spruch einen Schritt nach rechts und dann einen Schritt nach oben. Dann denkst du an a und sagst zu dir selbst: „Jetzt gehe ich aber NUR DIE HÄLFTE davon nach oben.“ Und die Bleistiftspitze wandert wieder etwas nach unten, nämlich genau so weit, bis die Hälfte von einem Schritt zurückgelegt wurde. Bei kariertem Papier, was du immer verwenden solltest, lassen sich diese „halben“ Koordinaten immer sehr gut finden. Deine Bleistiftspitze steht jetzt hoffentlich 1cm rechts und 0,5cm hoch vom Scheitelpunkt, also im Punkt (−1|3,5).

3. Schritt: Weitere Entsprechungspunkte entwickeln

Wir setzen den Bleistift wieder zurück in den Scheitelpunkt, der hier natürlich immer noch bei S(−2|3) liegt. Nun wollen wir z.B. den Entsprechungspunkt zum Punkt (2|4) der Normalparabel markieren. Falls du ihn nicht mehr kennst: Kurz gerechnet, 2 hoch 2 ist 4, und fertig. Also ZWEI Schritte nach rechts (mitmachen), dann normalerweise VIER Schritte nach oben, aber jetzt nur die Hälfte davon, also ZWEI Schritte nach oben. Wenn du in deinem Koordinatensystem jetzt richtig mitgemacht hast, steht dein Bleistift jetzt im Punkt (0|5).

Das Gleiche mit dem Punkt, der 3 Schritte rechts vom Scheitel liegt. 3 hoch 2 ist 9. Also geht es DREI Schritte nach rechts und normalerweise NEUN Schritte nach oben, jetzt aber nur die

Hälfte davon, also 4,5 Schritte nach oben. Größere Abstände kannst du notfalls mit einem Lineal ausmessen, oder du zählst anhand der Kästchen ab. Und markierst jetzt den neuen Punkt (1|7,5).

4. Schritt: Punkte links vom Scheitelpunkt
So geht es auf der linken Seite vom Scheitelpunkt weiter. Wieder zurück mit der Bleistiftspitze in den Punkt S(−2|3), dann einen Schritt nach links und normalerweise einen nach oben, jetzt aber nur einen halben. Du markierst den Punkt (−3|3,5). Und so weiter.

5. Schritt: Parabel zeichnen
Hier gilt das zuvor Gesagte. Wenn alles gut geklappt hat, sieht deine Funktion so aus wie der Graf von g in diesem Buch auf Seite 31. Und wenn's nicht geklappt hat, dann mach am besten 5 Minuten Pause und lies noch einmal von vorne auf Seite 32 bei Kapitel 3.8.

Wenn es gelungen ist, erhöhen wir noch einmal den Schwierigkeitsgrad. Zeichnerisch zu entwickeln ist die Funktion $h(x) = -(x-1)^2 - 1$. Als erstes musst du wieder den Wert a und die Koordinaten des Scheitelpunktes entnehmen. → a=−1 und S(1|−1).

1. Schritt: Den Scheitelpunkt markieren
Der Bleistift wandert vom Koordinatenkreuz 1cm nach rechts und 1cm nach unten.

2. Schritt: Den Entsprechungspunkt zu (1|1) entwickeln
Normalerweise geht es jetzt EINEN Schritt nach rechts und EINEN Schritt nach oben. Bei a=−1 muss es heißen: EINEN Schritt nach rechts und EINEN Schritt nach UNTEN. Denk immer dran: Bei negativem a ist der Scheitel ein Hochpunkt, alles andere liegt tiefer dazu. Der nächste Entsprechungspunkt: Bei der Normalparabel geht es zwei Schritte nach rechts und vier Schritte nach oben. Deshalb gehen wir jetzt vom Punkt S(1|−1) zwei Schritte nach rechts und vier Schritte nach UNTEN.

Ich hoffe, das System ist klar geworden und die Funktion sieht am Ende wie Funktion h auf Seite 31 aus. Wenn man es ein paar Mal gemacht hat, ist es gar nicht mehr so kompliziert, wie es hier vielleicht erscheint. Und wenn man dieses System erst einmal beherrscht, fängt man an, die Scheitelpunktform regelrecht zu mögen, denn sie ist leider die einzige, die immer so ein Zeichnen ohne vorherige Wertetabelle erlaubt. Bei den anderen Formen geht es nur manchmal und verlangt oft viel mehr Hintergrundwissen. Und genau darum geht es jetzt.

4. Die verschiedenen Erscheinungsformen einer Parabel

4.1. Einleitung

Nicht alle Lehrer beginnen das Thema quadratische Gleichungen und Parabeln mit den verschobenen Verwandten der Normalparabel, so wie ich dies in Abschnitt 3 getan habe. Spätestens in diesem Kapitel sollte sich für dich aber der Kreis schließen und viele Dinge, die in eurem Unterricht besprochen wurden, wieder in Erinnerung kommen. Es gibt insgesamt drei verschiedene Formen, in denen eine quadratische Funktion auftreten kann: Die bereits bekannte Scheitelpunktform (SPF), die Normalform (NF) und die Nullstellenform (NSF). Jede Form hat dabei besondere Vorteile und Eigenschaften, die du wissen solltest. Weiterhin erwartet man von dir, dass du eine Funktion durch Rechenschritte von einer Erscheinungsform in eine andere verwandeln kannst. Dieses „Verwandeln" oder „Transformieren" schaffst du nur, wenn du sicher im Umgang mit den quadratischen GLEICHUNGEN bist – und damit wären wir beim zweiten Schwerpunkt im Titel dieses Buches angekommen.

4.2. Die Scheitelpunktform SPF

In Abschnitt 3 habe ich ausführlich gezeigt, dass ein Funktionsterm, der in der Scheitelpunktform steht, sofort Auskunft über die Lage des Scheitelpunktes $S(x_0|y_0)$ und den Streckfaktor a des Grafen gibt. Falls du nicht mehr genau weißt, welche Bedeutung die drei Variablen a, x_0 und y_0 haben, dann schau dir bitte noch einmal den Kasten auf Seite 31 an.

Für die Schüler, die kurz vor dem Abi stehen und schon die Differenzialrechnung (das Ableiten) behandelt haben, sei noch kurz angefügt, dass man beim Ableiten dieser Form die relativ komplizierte Kettenregel anwenden müsste. Einfacher ist es, sie zum Differenzieren und Integrieren erst einmal in die Normalform zu bringen.

4.3. Von der Scheitelpunktform SPF zur Normalform NF

Wie man von der SPF in die NF kommt, erkennst du am besten anhand von Beispielen. Ich werde mich von hier an eine ganze Weile auf die folgenden drei Beispielfunktionen beziehen:

$g(x) = (x-2)^2 - 1$ $\qquad$ $h(x) = 1{,}5 \cdot (x-1)^2 - 6$ $\qquad$ $i(x) = -\frac{1}{4}(x+1)^2 + 1$

Wie du inzwischen erkennen kannst, stehen alle diese Funktionen in der Scheitelpunktform.
Allgemeines Schema SPF: $f(x) = a \cdot (x - x_0)^2 + y_0$

Das Ablesen von Streckfaktor und Koordinaten des Scheitelpunktes ergibt im Einzelnen:

$g(x) = (x-2)^2 - 1$	$h(x) = 1{,}5 \cdot (x-1)^2 - 6$	$i(x) = -\frac{1}{4}(x+1)^2 + 1$
$a = 1$	$a = 1{,}5$	$a = -\frac{1}{4}$
$x_0 = 2$	$x_0 = 1$	$x_0 = -1$
$y_0 = -1$	$y_0 = -6$	$y_0 = 1$

Da Funktion g keinen Streckfaktor (bzw. a=1) hat und deshalb die einfachste ist, solltest du alle meine Ausführungen erst einmal bei g verstanden haben, bevor du zu h und i übergehst.

Das Naheliegendste, was den meisten Schülern in Anbetracht eines Klammerausdruckes einfällt, ist es, die Klammer aufzulösen. Häufig (leider nicht immer ☹) macht das auch Sinn. Man spricht in diesem Zusammenhang übrigens auch vom „Ausmultiplizieren" zweier Klammerausdrücke. Jetzt höre ich einige meiner Leser laut denken: „Warum denn zwei Klammerausdrücke, ich sehe hier nur einen?". Für all diese Leser und für diejenigen, die die binomischen Formeln nicht (mehr) beherrschen, bringe ich hier eine kleine Wiederholung, die hoffentlich das Wissen wieder auffrischt. Da dies von der Zielsetzung aber ein Buch über Parabeln ist, werde ich nicht mehr zu viele Worte darüber verlieren[15].

Ausmultiplizieren der Funktion g(x) (hier noch ein letztes Mal ohne binomische Formel):

$$g(x) = (x-2)^2 - 1 = (x-2) \cdot (x-2) - 1$$

So werden es ZWEI Klammerausdrücke.

$x \cdot x = x^2$ $\quad x \cdot (-2) = -2x$ $\quad -2 \cdot x = -2x$ $\quad -2 \cdot (-2) = +4$

Ausmultiplizieren: Jedes Element aus Klammer 1 mit jedem Element aus Klammer 2.

$$= x^2 - 2x - 2x + 4 - 1 = x^2 - 4x + 3$$

Zusammenfassen gleichnamiger Anteile.

$\rightarrow \quad g(x) = x^2 - 4x + 3$ Jetzt steht Funktion g in der Normalform (NF).

Bei h(x) ist zu beachten, dass der Faktor vor der Klammer richtig behandelt wird.

Falsch wäre dies: $h(x) = 1{,}5 \cdot (x-1)^2 - 6 = \cancel{(1{,}5x - 1{,}5)^2} - 6$

[15] Falls du immer noch Schwierigkeiten mit solchen Umformungen hast, dann solltest du schnellstens daran arbeiten! Solche kleinen Rechnereien gehören in der Abiturmathematik zum täglichen Handwerkszeug wie die Vokabeln zum Sprechen einer Sprache. Wer hier schon scheitert, der wird mit seinem eventuell fleißig gelernten Wissen zu anderen hochtrabenden Mathe-Themen keinen Blumentopf mehr gewinnen können. Eine gute Übersicht und Erklärung zu all solchen Rechenschritten bietet „Der Mathe-Dschungelführer Analysis 1: Terme & Gleichungen", ISBN 978-3-940445-21-6.

Merke: Bei allen Rechnungen ist darauf zu achten, dass $(...)^2$ für $(...)\cdot(...)$ steht.
Ein Faktor (hier 1,5) wird in einer SUMME, hier x–1, mit JEDEM Summanden multipliziert.
Aber ein Faktor wird in einem PRODUKT, hier $(...)\cdot(...)$, nur mit EINEM anderen Faktor (also nur einem der Klammerausdrücke) multipliziert.

Also am besten erst einmal den Klammerausdruck mit der 2. binomischen Formel[16] auflösen.

$$\begin{aligned} h(x) &= 1{,}5\cdot(x-1)^2-6 \\ &= 1{,}5\cdot\left(x^2-2x+1\right)-6 \\ &= 1{,}5\cdot x^2-3x+1{,}5-6 \end{aligned}$$

Die Klammer bleibt natürlich in Zeile 2 stehen, da der entstehende Ausdruck eine Summe ist und sich deshalb der Faktor 1,5 auf alle Summanden bezieht.

$$\rightarrow \quad h(x)=1{,}5\cdot x^2-3x-4{,}5$$

Und dies ist h(x) in der Normalform. Übrigens: Das Multiplikationszeichen („der Mal-Punkt") kann an eindeutigen Stellen auch weggelassen werden, das ist Geschmackssache.

Funktion i(x) wird nach dem gleichen Muster wie h(x) behandelt. Wer mag, kann für den Bruch auch 0,25 schreiben, das verändert natürlich an den Zahlenwerten nichts.

$$\begin{aligned} i(x) &= -\tfrac{1}{4}(x+1)^2+1=-\tfrac{1}{4}\left(x^2+2x+1\right)+1 \\ &= -\tfrac{1}{4}x^2-\tfrac{1}{2}x-\tfrac{1}{4}+1=-\tfrac{1}{4}x^2-\tfrac{1}{2}x+\tfrac{3}{4} \end{aligned}$$

$$\rightarrow \quad i(x)=-\tfrac{1}{4}x^2-\tfrac{1}{2}x+\tfrac{3}{4}$$

1. binomische Formel
Beachte: Durch Multiplikation mit der negativen Zahl $-\frac{1}{4}$ drehen sich alle 3 Vorzeichen von der Klammer.

Die NF von Funktion i ist damit erreicht. Von der SPF zur NF kommt man also immer durch Ausmultiplizieren. Was genau man unter der Normalform versteht, dazu komme ich jetzt.

4.4. Die Normalform („Polynomform") NF

Die Normalform ist eine Summe, bei jeder Summand aus einen Faktor a, b oder c besteht und einen Potenzausdruck von x. Die Potenzen werden normalerweise absteigend von links nach rechts sortiert. Dabei wird x^1 natürlich als x geschrieben und x^0 komplett weggelassen[17].

$f(x)=ax^2+bx+c$ ...steht als Kurzform für $f(x)=ax^2+bx^1+cx^0$

[16] Mehr zu den binomischen Formeln siehe Glossar S.91.
[17] Merke: Irgendwas hoch Null ist immer Eins (einzige Ausnahme: Null hoch Null, das ist nicht definiert).

Die rechte Form taucht normalerweise nicht in den Büchern auf, ich bringe sie aber immer gern, um die Logik diese Sortier-Reihenfolge klar zu machen und auch den Begriff „Polynom“, mit dem viele Schüler nichts anfangen können. „Poly-Nom“ heißt so viel wie „viele Namen“ und beschreibt, dass man bei dieser Form alle GLEICHNAMIGEN Anteile, also alle mit x^2, alle mit x und alle ohne x zusammengefasst hat. Am Ende steht quasi eine Kette mit VIELEN Bestandteilen, die einen eigenen NAMEN (bzw. eine eigene Potenz von x) haben.

Mit Blick auf das, was im Abitur noch kommt, nämlich Funktionen mit größeren Potenzen als hoch 2, bezeichnet man die quadratischen Funktionen auch als „ganzrationale Funktionen ZWEITEN Grades“. Wer schon so weit ist, für den sei hier noch kurz angemerkt, dass die Faktoren a, b und c auch gerne als „Koeffizienten“ bezeichnet werden und dass jeder Summand einen eigenen Namen trägt, nämlich das „quadratische Glied“ ax^2, das „lineare Glied“ bx und das „absolute Glied“ c. Spätestens bei dem Thema Ableiten und Differenzieren, also wenn es um die Bestimmung von Tangentensteigungen und eingeschlossenen Flächenstücken unter einer Funktion geht, braucht man diese Form, da sie sich besonders gut ableiten lässt. Die Neulinge im Thema können hier aber erst einmal beruhigt weiterlesen.

Wichtiger ist im Moment, dass du in der Lage bist, die markanten grafischen Eigenschaften einer solchen Funktion zu erkennen. Der Faktor a ist genau wie bei der SPF der Streckfaktor und bestimmt die Öffnungsrichtung und Streckung der Parabel. b hat eine relativ schwer erkennbare Bedeutung. Lediglich bei b=0 bzw. einem fehlenden „linearen Glied“ sollte man wissen, dass es sich um eine zur y-Achse symmetrische Funktion handelt, dass also der Scheitelpunkt auf der y-Achse liegt (bzw. bei $b \neq 0$ nicht liegt). Das „absolute Glied“ c gibt immer Auskunft über den y-Abschnitt der Funktion, weil es sich als y-Wert ergibt, wenn der Wert x=0 in die Funktion läuft, denn es gilt: $f(0) = a \cdot 0^2 + b \cdot 0 + c = c$ .Deshalb ist c ein wichtiger Anhaltspunkt beim Zeichnen, der zwar für sich allein kein vollständiges Bild des Grafen vermittelt, der aber für Quervergleiche z.B. bei der Überprüfung einer aufgrund anderer Formen angefertigten Zeichnung nützlich ist. Das Ablesen der Koeffizienten a, b, c aus dem allgemeinen Schema $ax^2 + bx + c$ liefert:

$g(x) = x^2 - 4x + 3$	$h(x) = 1{,}5 \cdot x^2 - 3x - 4{,}5$	$i(x) = -\frac{1}{4}x^2 - \frac{1}{2}x + \frac{3}{4}$
$a = 1$	$a = 1{,}5$	$a = -\frac{1}{4}$
$b = -4$	$b = -3$	$b = -\frac{1}{2}$
$c = 3$	$c = -4{,}5$	$c = \frac{3}{4}$

Übrigens: Auf Seite 58 findest du eine Übersicht aller beschriebenen Formen inklusive grafischem Schaubild der drei Funktionen. Ein kurzer Blick darauf lohnt sich schon jetzt.

Jede quadratische Parabel kann in der „Normalform“
(auch: „Polynomform“) geschrieben werden: $f(x) = ax^2 + bx + c$

a ist Streckfaktor: Streckung der Parabel, wenn $|a| > 1$
Stauchung der Parabel, wenn $|a| < 1$
nach unten geöffnete Parabel, wenn $a < 0$

c ist der y-Achsenabschnitt, es gibt also immer den Punkt P(0|c).

Sonderfall: b=0 → f ist achsensymmetrisch und der Scheitelpunkt liegt bei S(0|c).

4.5. Von der Scheitelpunktform SPF zur Nullstellenform NSF

Eine weitere Erscheinungsform von quadratischen Funktionen ist die sogenannte Nullstellenform. Bevor ich in 4.6. genau auf ihre Eigenschaften eingehe, zeige ich hier, wie man sie aus der SPF ermittelt. Für die Nullstellenform muss man immer folgende 2 Fragen beantworten:

1. Welches ist der Streckfaktor a der Parabel?
2. Welches sind die Nullstellen der Parabel? (wie der Name schon sagt)

Den Streckfaktor a kannst du inzwischen bei jeder Scheitelpunktform ablesen. Und den Begriff „Nullstelle“ kennst du hoffentlich noch aus dem Themengebiet lineare Funktionen: Die Nullstelle eines Grafen ist derjenige x-Wert, bei dem der Graf die x-Achse schneidet bzw. bei der dem x-Wert über die mathematische Vorschrift der Funktion der y-Wert (die „Höhe“) y=0 zugeordnet wird. Erinnert man sich daran, dass y und f(x) das Gleiche bedeuten, dann ergibt sich immer folgender mathematischer Ansatz zur Bestimmung der Nullstellen, der letztlich die Frage danach ist: Für welchen x-Wert erhalte ich den y-Wert Null?

$f(x) = 0$ beziehungsweise hier: $a \cdot (x - x_0)^2 + y_0 = 0$

Diese mathematische Frage beantworte ich nun für die erste der drei Beispielfunktionen. Dein Mitrechnen und Vordenken ist dabei ausdrücklich erwünscht, denn nur so wirst du solche Fragen auch in der nächsten Arbeit meistern können. Bestimme also die Nullstellen von g!

Ansatz: $g(x) = 0 \quad \rightarrow \quad (x - 2)^2 - 1 = 0$

Beachte, wie man hier von einer gegebenen quadratischen FUNKTION $g(x) = (x - 2)^2 - 1$ ganz automatisch zu einer quadratischen GLEICHUNG $(x - 2)^2 - 1 = 0$ gelangt. Sobald man in einer Funktion den x- oder y-Wert fest vorgibt, hier y=0, befindet man sich im Themengebiet der quadratischen Gleichungen, für die es besondere Lösungstechniken gibt.

$g(x) = (x-2)^2 - 1 = 0 \quad | +1$

Die Reihenfolge Klammer-Potenz-Punkt-Strichrechnung muss beim Herauslösen von x aus dem Funktionsterm in umgekehrter Reihenfolge abgearbeitet werden. –1 ist die LETZTE Operation in der Funktion, deshalb ist +1 die ERSTE Äquivalenzumformung.

$(x-2)^2 = 1 \quad | \pm\sqrt{\ldots}$

$x - 2 = \pm 1 \quad | +2$

Bei der Wurzelrechnung mit der Quadratwurzel IMMER an die negative zweite Lösung denken!

$x_1 = 1 + 2 \qquad x_2 = -1 + 2$

$x_1 = 3 \qquad x_2 = 1$

Wie du siehst, gibt es hier zwei Nullstellen.

All diejenigen, die zu Anfang in einem blinden Reflex die Klammer ausmultipliziert haben, haben hoffentlich gemerkt, dass sie dann ziemlich schnell festsitzen. Richtig gerechnet, aber keinesfalls zielführend ist also: $(x-2)^2 - 1 = 0 \quad \to \quad x^2 - 4x + 4 - 1 = 0$

Die Erklärung: Beim Auflösen einer Gleichung nach dem x ist es immer sehr wichtig, dass man ab einem gewissen Punkt nur noch mit einem einzigen x in der Gleichung hantiert. Denn das ist Voraussetzung dafür, dass x am Ende allein auf einer Seite stehen kann! Durch das Ausmultiplizieren (die Termumformung) im 1. Schritt zerstört man sich diesen bereits vorhandenen Vorteil, da nun x wieder an zwei Stellen in Form von x^2 und x auftritt, und diese „ungleichnamigen“ Anteile sich nur unter Zuhilfenahme mathematischer Tricks wieder vereinen lassen. Zu diesen „Tricks“ komme ich noch in Abschnitt 4.8. und du wirst sehen, dass niemand freiwillig diesen Weg gehen möchte. Merke dir also: Wenn x bereits an einer Stelle in der Gleichung allein steht, musst du alle umgebenden Rechenschritte nach und nach auf die andere Seite bringen, um das x freizulegen. Und wenn x an mehreren Stellen steht, muss man diese x-Anteile irgendwann zusammengefasst bekommen.

Aus den Nullstellen $x_1 = 3$ und $x_2 = 1$ ergibt sich folgende Nullstellenform der Funktion g. Die genaue Erklärung hierfür folgt in Abschnitt 4.6. NSF: $g(x) = (x-1) \cdot (x-3)$

Damit zu Funktion h. Hier solltest du an der SPF den Streckfaktor a=1,5 bemerken, bevor du dich wieder an die Ermittlung der Nullstellen machst. Auch hier ist Ausmultiplizieren tabu!

$$\begin{aligned} h(x) = 1{,}5 \cdot (x-1)^2 - 6 &= 0 && \mid +6 \\ 1{,}5 \cdot (x-1)^2 &= 6 && \mid :1{,}5 \\ (x-1)^2 &= 4 && \mid \pm\sqrt{\ldots} \\ x - 1 &= \pm 2 && \mid +1 \end{aligned}$$

Vor dem Radizieren („Wurzel-Ziehen") ist hier der Faktor 1,5 auf die andere Seite zu bringen, denn Potenzrechnung geht vor Punktrechnung.

$\rightarrow \quad x_1 = 3 \qquad x_2 = -1$

Die NSF lautet: $h(x) = 1{,}5 \cdot (x+1) \cdot (x-3)$
Der Streckfaktor tritt in der NSF vor den Funktionsterm, doch dazu später mehr.

Analog dazu stellt man bei i den Streckfaktor $a = -\frac{1}{4}$ fest und bestimmt die Nullstellen.

$$\begin{aligned} i(x) = -\tfrac{1}{4}(x+1)^2 + 1 &= 0 && \mid -1 \\ -\tfrac{1}{4}(x+1)^2 &= -1 && \mid \cdot(-4) \\ (x+1)^2 &= 4 && \mid \pm\sqrt{\ldots} \\ x + 1 &= \pm 2 && \mid -1 \end{aligned}$$

Die Äquivalenzumformung $\cdot(-4)$ ist gleichbedeutend mit $:(-\frac{1}{4})$. Bei Rechnungen mit negativen Zahlen muss die negative Zahl in Klammern stehen.

$\rightarrow \quad x_1 = 1 \qquad x_2 = -3$

Die NSF lautet: $i(x) = -\frac{1}{4} \cdot (x-1) \cdot (x+3)$

Man kann auch stellenweise andere Umformungen ansetzen. Von diesen ist die Rechnung $\cdot(-1)$ zum Vorzeichenwechsel in Zeile 2 die einzige, die ich für den praktischen Umgang mit solchen Gleichungen noch für erwähnenswert halte.

4.6. Die Nullstellenform NSF

Wie in 4.5. bereits angesprochen, setzt sich die Nullstellenform aus dem Streckfaktor a und den beiden Nullstellen der Parabel zusammen. Im Umkehrschluss gilt, dass man bei Aufgaben, in denen nur die Nullstellenform vorliegt, den Streckfaktor a und die beiden Nullstellen der Parabel bzw. der Funktion sofort ablesen kann.

Nennt man a den Streckfaktor und x_1 und x_2 die beiden Nullstellen einer Parabel, dann ist das allgemeine Schema einer Funktion f in der Nullstellenform: $f(x) = a \cdot (x - x_1) \cdot (x - x_2)$

Entsprechend entnimmt man aus unseren drei Funktionen in der NSF die Werte a, x_1 und x_2:

$g(x) = (x-1) \cdot (x-3)$	$h(x) = 1{,}5 \cdot (x+1) \cdot (x-3)$	$i(x) = -\frac{1}{4} \cdot (x-1) \cdot (x+3)$
$a = 1$	$a = 1{,}5$	$a = -\frac{1}{4}$
$x_1 = 1$	$x_1 = -1$	$x_1 = 1$
$x_2 = 3$	$x_2 = 3$	$x_2 = -3$

Beachte beim Herauslesen der Werte unbedingt, dass das Vorzeichen der Nullstellen geändert wird, wenn man sie aus dem Klammerausdruck[18] entnimmt bzw. die NSF aus gegebenen Nullstellen erstellt. Die Namen x_1 und x_2 sind dabei immer vertauschbar.

Sind beide Nullstellen gleich, dann treten in der NSF zwei identische Klammerausdrücke auf und man spricht von einer „doppelten Nullstelle". Ein Beispiel: Die Funktion z(x) hat den Streckfaktor 2 und die doppelte Nullstelle 1,5.

$z(x) = 2 \cdot (x - 1{,}5) \cdot (x - 1{,}5)$ In der Regel schreibt man dann gleich: $z(x) = 2 \cdot (x - 1{,}5)^2$

Wie du siehst, ist es in der Oberstufe unerlässlich, dass du in der Lage bist, mit einer kleinen Anwendung der Rechengesetze aus der Mittelstufe „mal eben" einen Term zu verwandeln. Ohne diese Fähigkeit wirst du große Mühe haben, den weiteren Unterricht zu verfolgen. Es lohnt sich deshalb auf jeden Fall, nicht erst kurz vor dem Abi diese Schwäche aufzuarbeiten[19].

Für Abiturienten ist es hilfreich (wenn auch nicht zwingend erforderlich) zu wissen, dass bei solchen „doppelten Nullstellen" immer der Scheitelpunkt der Parabel liegt (bzw. ein Extremum, Hoch- oder Tiefpunkt, wie man im Jargon der Differenzialrechnung bei höhergradigen Funktionen sagt). Mathematisch gesehen findet in der unmittelbaren Umgebung dieser Nullstelle, also bei den links und rechts daneben liegenden x-Werten, kein Vorzeichenwechsel ihres zugehörigen y-Wertes statt. Der Graf schneidet also die x-Achse dort nicht, er berührt sie nur, die x-Achse ist deshalb die Tangente des Grafen an dieser Stelle.

Die Nullstellenform wird gelegentlich auch als die „faktorisierte Form" bezeichnet, denn in der Tat ist sie ein Produkt, dass aus einzelnen Faktoren besteht, nämlich dem Streckfaktor a und für jede vorhandene Nullstelle ein weiterer Klammerausdruck (bzw. „Linearfaktor"). Durch diese Produkt-Eigenschaft hat die NSF den Nachteil, dass sie bei der Differenzialrechnung nur noch mit der Produktregel[20] abgeleitet werden kann, daher verwandelt man auch sie, wie schon die SPF, zum Ableiten und Integrieren am besten in die NF.

Ein Produkt kann aber auch vorteilhaft sein, nämlich immer dann, wenn es über oder unter einem Bruchstrich steht. Dann bietet sich (im Gegensatz zur Summenschreibweise NF und der gemischten Schreibweise SPF) die Möglichkeit, gemeinsam vorhandene Faktoren zu

[18] Ein solcher Klammerausdruck heißt übrigens Linearfaktor. Später wirst du lernen, dass die höchste Potenz, die ein x in der Normalform hat, der sogenannte Grad der Funktion ist und dieser genau die Anzahl der Nullstellen bzw. Linearfaktoren festlegt, die eine solche Funktion maximal hat.

[19] Nochmals mein Buchtipp hierzu: Der Mathe-Dschungelführer Analysis 1: Terme & Gleichungen, ISBN 978-3-940445-21-6.

[20] Die Produktregel ist, wie die Kettenregel auch, Bestandteil im Abitur-Themenblock Analysis bzw. Differenzialrechnung.

kürzen. Falls das Thema „gebrochen-rationale Funktionen[21]“ noch auf dich zukommt, solltest du dir folgendes kurze Beispiel dazu einmal näher ansehen. Wichtige Funktionseigenschaften wie „Polstelle“, „Lücke“ und „Ersatzfunktion“ kann man dort nur mithilfe der NSF verstehen.

Der Bruch $\frac{15}{12}$ → ist kürzbar, weil Zähler und Nenner den gemeinsamen Faktor 3 enthalten.

$$\frac{15}{12}=\frac{\cancel{3}\cdot 5}{\cancel{3}\cdot 4}=\frac{5}{4}$$

Der Bruch $\frac{g(x)}{h(x)}$ → ist kürzbar, weil Zähler und Nenner den gemeinsamen Faktor (x–3) enthalten. Dieser wird aber nur in der NSF-Schreibweise erkennbar.

$$\frac{x^2-4x+3}{1{,}5x^2-3x-4{,}5}=\frac{(x-1)\cdot\cancel{(x-3)}}{1{,}5\cdot(x+1)\cdot\cancel{(x-3)}}=\frac{(x-1)}{1{,}5\cdot(x+1)}$$

Da die gebrochen-rationalen Funktionen hier nicht mein Kernthema sind, möchte ich es bei diesem kleinen Vorgeschmack belassen. Merke dir: Die Nullstellenform gibt Auskunft über die Nullstellen, den Streckfaktor und sie ermöglicht in Brüchen das Kürzen gleicher Anteile.

Während die SPF und NF immer für jede quadratische Funktion existiert, kann man die Nullstellenform nicht immer angeben. Es gibt sie nämlich immer dann nicht – du ahnst es hoffentlich – wenn es KEINE Nullstellen gibt, wenn der Graf der Funktion die x-Achse also nicht berührt oder schneidet. Wie man das beim Umformen einer anderen Form in die NSF rechnerisch erkennt, dazu mehr in Abschnitt 5.1.

Jede quadratische Parabel, die reelle Nullstellen besitzt, kann in der „Nullstellenform“ geschrieben werden: $f(x)=a\cdot(x-x_1)\cdot(x-x_2)$

a ist Streckfaktor: Streckung der Parabel, wenn $|a|>1$
Stauchung der Parabel, wenn $|a|<1$
nach unten geöffnete Parabel, wenn $a<0$

x_1 und x_2 sind die Nullstellen von f. Sind x_1 und x_2 gleich, dann spricht man von einer „doppelten Nullstelle“ der Funktion f und es gibt den Scheitelpunkt $S(x_1|0)$.

Jede quadratische Funktion hat also entweder zwei verschiedene Nullstellen, eine doppelte Nullstelle oder keine Nullstelle.

[21] Dieses Thema ist nicht in allen Bundesländern und Lehrplänen für das Abitur prüfungsrelevant.

4.7. Von der Nullstellenform NSF zur Normalform NF. Der Satz von Vieta

Die Rechentechnik des Ausmultiplizierens sollte inzwischen hinlänglich bekannt sein, deswegen werde ich sie hier nur noch kurz anhand der drei Beispielfunktionen g, h und i vorführen. Jeder Summand der ersten Klammer wird, inklusive Vorzeichen, mit jedem Summanden der zweiten Klammer multipliziert. Der Faktor a kann bei h(x) und i(x) entweder zunächst in eine der beiden Klammern hinein multipliziert werden, oder nach dem Ausmultiplizieren beider Klammerausdrücke hinein gerechnet werden. Falls die beiden Klammerausdrücke einer binomischen Formel entsprechen, nutzt man diese natürlich.

$$g(x) = (x-1)\cdot(x-3) = x^2 - 3x - 1x + 3 = \underbrace{x^2 - 4x + 3}_{\text{NF}}$$

$$h(x) = \underbrace{1{,}5\cdot(x+1)\cdot(x-3)}_{\text{NSF}} = 1{,}5\cdot\left(x^2 - 3x + x - 3\right) = 1{,}5\cdot\left(x^2 - 2x - 3\right) = \underbrace{1{,}5x^2 - 3x - 4{,}5}_{\text{NF}}$$

$$i(x) = \underbrace{-\tfrac{1}{4}\cdot(x-1)\cdot(x+3)}_{\text{NSF}} = -\tfrac{1}{4}\cdot\left(x^2 + 3x - x - 3\right) = -\tfrac{1}{4}\cdot\left(x^2 + 2x - 3\right) = \underbrace{-\tfrac{1}{4}x^2 - \tfrac{1}{2}x + \tfrac{3}{4}}_{\text{NF}}$$

Für Lehrer, die gerne alles besonders formalisieren, gibt es hier die Option, den Satz von Vieta[22] zu unterrichten. Er ist meines Wissens in keinem Bundesland abiturrelevant.

Satz von Vieta

Aus zwei bekannten Nullstellen x_1 und x_2 kann die Normalform einer quadratischen Funktion in der Form $f(x) = x^2 + px + q$ gebildet werden:

Man rechnet hierzu: $p = -(x_1 + x_2)$ und $q = x_1 \cdot x_2$

Nur noch zwei kurze Anmerkungen von mir dazu, und dann überlasse ich es jedem selbst, die Beispiele g, h und i von oben damit nachzuvollziehen. 1. Die Nullstellen werden aus der NSF mit verkehrtem Vorzeichen abgelesen (vgl. S.42 unten). 2. Der Satz von Vieta liefert jeweils immer nur den einfachsten Fall einer NF, bei der der Streckfaktor a=1 ist.

[22] Nach: François Viète bzw. latinisiert: Franciscus Vieta, Französischer Mathematiker 1540 – 1603. Auch wenn Vieta selbst einer der wichtigsten Vordenker für die Buchstaben-Algebra war, kann man den nach ihm benannten Satz getrost schnell wieder vergessen. Wer das Konzept der Nullstellenform mit Streckfaktor und den beiden Klammerausdrücken (Linearfaktoren) verstanden hat, kommt damit im Abitur deutlich weiter, da es die Grundlage zum Verständnis von Themen wie Polynomdivision, mehrfache Nullstellen und gebrochen-rationale Funktionen ist.

4.8. Von der Normalform NF zur Scheitelpunktform SPF. Die quadratische Ergänzung

Das in 4.3 und 4.7. vorgeführte Ausmultiplizieren wird von fast allen Schülern sehr schnell verstanden. Sie scheitern dann höchstens noch bei der sorgfältigen Ausführung im genauen Umgang mit den Vorzeichen, weil sie an der falschen Stelle Zeit sparen wollen. Doch jetzt wird es richtig anspruchsvoll: Wie kann man ein Polynom, also die Normalform, wieder in eine Scheitelpunktform zurück verwandeln, also in die Form $a \cdot (x - x_0)^2 + y_0$? Das Problem besteht unter anderem darin, aus den beiden x-Anteilen in der NF einen einzigen x-Anteil zu machen. Wenn ich diese Frage im Nachhilfeunterricht stelle, schreibe ich eine Funktion in NF auf das Blatt, z.B. $g(x) = x^2 - 4x + 3$ und lasse dem Schüler normalerweise eine kleine Denkpause.

Wer die komplizierte Rechentechnik „quadratische Ergänzung“ bzw. „binomische Formel rückwärts“ noch nicht kennt, der könnte zumindest folgende Antwort vorschlagen:
1. Eine kleine Wertetabelle der Funktion anfertigen. 2. Dann eine Zeichnung des Grafen.
3. Aus der Zeichnung die Koordinaten des Scheitelpunktes x_0 und y_0 ablesen, dazu den Streckfaktor a aus dem quadratischen Glied der NF herauslesen. 4. Die SPF angeben.

Wenn du diese Antwort wusstest, hast du zumindest das allgemeine Konzept der SPF verinnerlicht, was ja schon ein Lob wert ist. Leider entspricht diese Methode aber nicht dem, was man von Euch als angehende Abiturienten erwartet. Ihr sollt in Mathematik zunehmend systematische Verfahren anwenden können. Überdies ist diese Methode höchst problematisch, wenn die Scheitelpunktkoordinaten nicht auf runden Zahlenwerten liegen.

Wie also funktioniert das systematische Verfahren „quadratische Ergänzung“ oder, wie ich es gerne nenne, „binomische Formel rückwärts“? Ich zeige es zunächst bei Funktion g. Da dort der Streckfaktor a=1 ist, gilt es jetzt „nur“ noch, die beiden anderen Platzhalter in der SPF x_0 und y_0 mit konkreten Zahlenwerten zu versehen bzw. diese Zahlenwerte zu bestimmen:

$$\underbrace{x^2 - 4x + 3}_{\text{NF}} = \underbrace{(x - x_0)^2 + y_0}_{\text{SPF (ohne Streckfaktor)}}$$

Es wird in der Regel nicht gelingen, alle drei Summanden der NF sofort in die andere Form zu verwandeln. Deshalb kümmert man sich zunächst nur um die beiden ersten Anteile, die das x enthalten. Die Zusammenfassung des x^2-Anteils mit dem $-4x$ -Anteil in Form des Klammer-ausdruckes ist der schwierigste Teil der Überlegungen. Was man dazu braucht, ist einerseits die perfekte Kenntnis der 1. und 2. binomischen Formel, die du hoffentlich schon mitbringst. Andererseits braucht man einen Blick dafür, wie a und b von der binomischen Formel nach und nach durch mathematische Ausdrücke mit x ausgetauscht werden – das üben wir jetzt.

1. binomische Formel: $(a+b)^2 = a^2 + 2ab + b^2$ ebenso gilt: $a^2 + 2ab + b^2 = (a+b)^2$

2. binomische Formel: $(a-b)^2 = a^2 - 2ab + b^2$ ebenso gilt: $\underline{a^2 - 2ab + b^2 = (a-b)^2}$

Schau dir jetzt bitte besonders die unterstrichene Version an und vergleiche sie mit der Gegenüberstellung von NF und SPF auf Seite 46. Die Struktur beider Gleichungen ist ähnlich. Und genau das nutzt man aus. Wir schreiben die linken Seiten nochmals untereinander.

2. Binomische Formel:	$a^2 - 2ab$	$+b^2$
Funktion g(x) in NF:	$x^2 \ -4x$	$+3$

Die Frage ist jetzt: Womit müssen a und b im binomischen Ausdruck ersetzt werden, damit die untere Zeile dabei herauskommt? Und zwar zunächst einmal nur in den Teilen, die hier eingerahmt sind. Antwort: a^2 oben entspricht x^2 unten, also gilt schon einmal a=x.

Der Summand $-2ab$, das sogenannte „gemischte Glied“ der binomischen Formel, entspricht im konkreten Fall von g dem Term $-4x$. Aufgrund der Struktur der binomischen Formel wird nun immer gerade DIE HÄLFTE DES KOEFFIZIENTEN, also hier die Hälfte der Zahl 4, zum Wert für b erklärt. Damit gilt hier b=2. Das erste wichtige Teilziel ist erreicht.

Es ist gelungen, die beiden Summanden a und b eines binomischen Klammerausdruckes $(a-b)^2$ so zu bestimmen, dass die Auflösung der Klammer den ersten und den zweiten Summanden unserer NF erzeugt. Wenn du es nicht glaubst, hier ist die Probe:

Aus...	...wird durch Einsetzen bei g(x)...	...und das ergibt ausmultipliziert
$(a-b)^2$	$(x-2)^2$	$x^2 - 4x + 4$

Jetzt möchte ich ein lautes „Ja, aber...“ von meinem konzentrierten Leser hören. Etwa so: „Ja, wir haben mit $(x-2)^2$ einen binomischen Term gebastelt, der beim Ausmultiplizieren den ersten Summanden x^2 und den zweiten Summanden $-4x$ von g produziert. Aber die NF der Funktion g endet mit +3, und nicht mit +4. Wir wollen alle DREI Teile von g produzieren.“

In der Tat müssen wir an diesem Problem noch arbeiten. Offenbar ist das, was uns der Klammerausdruck $(x-2)^2$ liefert, um den Wert +4 größer als die ersten beiden Summanden der NF von g, die wir ja mit diesem Klammerausdruck ersetzen wollen. Einen alternativen Klammerausdruck mit anderer Wahl von a und b, der die ersten beiden Summanden der NF liefert, aber keinen +4 -Anteil (sondern +3 oder +0, die man hier ja viel lieber hätte) ist nicht möglich. Das ist aber nicht schlimm. Man hilft sich, indem man den mit der Klammer-Schreibweise ZUVIEL EINGEBRACHTEN ANTEIL +4 einfach wieder abzieht, damit die Gleichung wieder stimmt. Es wird also quasi „von Hand" der Rechenschritt −4 in die Zeile „hinein operiert", „ergänzt", damit die Zeile wieder der Funktion g entspricht. Im Fachjargon nennt man diesen eingefügten Teil die sogenannte „quadratische Ergänzung" b^2.

Im Einzelnen: Die Normalform von g lautet:	$g(x)=x^2-4x$		$+3$
Die ersten beiden Summanden können gemäß 2. binomischer Formel als Klammerausdruck $(a-b)^2$ mit a=x und b=2 ersetzt werden.	$(x-2)^2$		$+3$
Die Klammer enthält allerdings die Rechnung +4 bzw. $+b^2$ zu viel,	$\underbrace{(x-2)^2}_{x^2-4x\ (+4)}$		
und deshalb muss der neue Term mit −4 bzw. $-b^2$ „ERGÄNZT" werden.		(-4)	
Damit lautet die umgeschriebene Funktion g vollständig:	$g(x)=(x-2)^2$	-4	$+3$
Und es ist nur noch ein Schritt bis zur Scheitelpunktform	$g(x)=(x-2)^2$	-1	

Ein Auslesen der Werte, falls die Aufgabe dies verlangt, liefert: a=1, Scheitelpunkt S(2|−1).

An dieser Stelle muss ich leider einen Hinweis auf einige leicht voneinander abweichende Lehrmethoden geben. Manche Lehrer möchten eine Zeile mit dem vollständigen binomischen Summen-Ausdruck auf dem Papier sehen, bevor der Klammerteil kommt, also etwa so:

$$g(x)=x^2-4x+3 \quad \rightarrow \quad g(x)=\underbrace{x^2-4x+4}-4+3$$
$$\rightarrow \quad g(x)=(x-2)^2-4+3$$
$$\rightarrow \quad g(x)=(x-2)^2-1$$

Wieder andere Lehrer lassen gleich eine ganze Reihe von Schritten aus, z.B. könnte man die vorletzte Zeile hier weglassen, wenn man −4 und +3 gleich zusammenrechnet. Wie immer ist das Ziel meines Buches, dir die zugrunde liegende Logik und Methodik eines Themas klar zu machen, damit du dem Unterricht deines Lehrers wieder folgen kannst. Ganz grundsätzlich rate ich besonders den Anfängern dabei immer, lieber eine Zeile mehr zu spendieren.

Wie ich die meisten Schüler kenne, ist für sie weniger wichtig, warum sie etwas so oder so rechnen, sondern sie wollen wissen, WIE sie rechnen. Bitteschön, hier ist das allgemeine Rezept, und zwar gleich mit den Hinweisen 1 und 4 zu noch komplizierteren Funktionen.

Von der NF zur SPF mithilfe der quadratischen Ergänzung:

1. In der Normalform muss x^2 alleine, also ohne Streckfaktor stehen. Der Streckfaktor a ist gegebenenfalls vorher auszuklammern.
2. Die ersten beiden Summanden der NF, also das quadratische und das lineare Glied, werden durch einen binomischen Klammerausdruck wie folgt ersetzt:
   - das Vorzeichen vom linearen Glied bestimmt, ob die erste $(a+b)^2$ oder die zweite $(a-b)^2$ binomische Formel genommen wird.
   - Im Klammerausdruck wird a durch x ersetzt und b durch die Hälfte des Koeffizienten (also des Faktors vor dem x) im zweiten Summanden der NF.
   - Die quadratische Ergänzung b^2 wird hinter der Klammer wieder heraus gerechnet, und zwar IMMER mit dem Minuszeichen davor.
3. Zusammenfassen von quadratischer Ergänzung und dem Rest der NF.
4. Gegebenenfalls wieder Auflösung der Klammer aus Schritt 1.

Um dir das Verfahren anzueignen, ist es aus meiner Sicht wenig sinnvoll, diesen Kasten auswendig zu lernen. Wichtiger ist, dass du massenweise Beispiele durchrechnest, und zwar so lange, bis du von alleine weisst, welcher Schritt als nächstes zu tun ist. Und vor allem so lange, bis du ein Gespür dafür hast, an welchen Stellen du das Tempo reduzieren musst, um dich nicht zu verhaspeln.

Falls du Anfänger bist, dann leg dir jetzt ein Lesezeichen nach Seite 48 und bringe auf einem eigenen Zettel noch einmal die Funktion $g(x) = x^2 - 4x + 3$ in die SPF.

Allen anderen zeige ich nun, wie man die Schritte 1 bis 4 konsequent auf die Funktion $h(x) = 1{,}5x^2 - 3x - 4{,}5$ anwendet.

Schritt 1: x^2 ohne Streckfaktor

Der Streckfaktor a=1,5 stört die Anwendung der binomischen Formel und muss ausgeklammert werden[23]. Dabei wird natürlich JEDER Summand durch 1,5 dividiert.

$$h(x) = 1{,}5x^2 - 3x - 4{,}5$$
$$= 1{,}5 \cdot [\ x^2 \quad -2x \qquad -3]$$

Schritt 2: binomischen Klammerausdruck einfügen

Jetzt geht es innerhalb der eckigen Klammer weiter so wie bei g. Achte darauf, dass du erst einmal den Faktor 1,5 und die linke eckige Klammer hinschreibst, bevor du deine Konzentration auf a und b in der binomischen Formel richtest. Alle fertigen Gedanken von neuen Zeilen sollten immer schon zu Papier gebracht werden, bevor man sich an die Knackpunkte heranmacht.

$$= 1{,}5 \cdot [$$

Das lineare Glied heißt hier −2x, entsprechend kommt die zweite binom. Formel zur Anwendung. Der Koeffizient ist 2, seine Hälfte ist b=1. Die quadratische Ergänzung ist b^2=1.

$$= 1{,}5 \cdot [\ (x-1)^2 - 1 \qquad -3]$$

Schritt 3: Zusammenfassen

Die quadratische Ergänzung −1 wird mit −3 verrechnet.

$$= 1{,}5 \cdot [\ (x-1)^2 - 4\ ]$$

Schritt 4: Den Faktor a mit jedem Summanden der eckigen Klammer ausmultiplizieren

Auch wenn manche Schüler hier mehr sehen – in der eckigen Klammer stehen wirklich nur ZWEI Summanden! Fertig ist die SPF mit a=1,5 und S(1|−6).

$$= 1{,}5 \cdot (x-1)^2 - 6$$

Ich hoffe, du siehst dich jetzt in der Lage, die Funktion i(x) selbst von der NF in die SPF zu überführen. Probiere es nun bitte selbst, bevor du mit meiner Musterlösung vergleichst!

Schritt 1: x^2 ohne Streckfaktor

Der Streckfaktor $a = -\frac{1}{4}$ wird ausgeklammert. Beachte, dass sich dabei alle Vorzeichen in der Klammer drehen.

$$i(x) = -\tfrac{1}{4}x^2 - \tfrac{1}{2}x + \tfrac{3}{4}$$
$$= -\tfrac{1}{4} \cdot [\ x^2 \quad +2x \qquad -3]$$

Schritt 2: binomischen Klammerausdruck einfügen

Auch hier solltest du schon einmal den Beginn der neuen Zeile zu Papier bringen, bevor du die komplizierten

$$= -\tfrac{1}{4} \cdot [$$

---

[23] Manche Lehrer wenden hier gleich die binomische Formel an. Das ist aber ungleich schwerer und aus meiner Sicht unnötige Gehirnakrobatik, wie der entsprechende Klammerausdruck rechts zeigt. $\left(\sqrt{1{,}5} \cdot x - \dfrac{3}{2 \cdot \sqrt{1{,}5}}\right)^2$

Überlegungen angehst. Das lineare Glied heißt hier +2x, deshalb die erste binom. Formel. Der Koeffizient ist 2, seine Hälfte ist b=1. Und auch die quadratische Ergänzung ist wieder b^2=1.

$$= -\tfrac{1}{4} \cdot \left[(x+1)^2 - 1 \quad -3 \right]$$

Schritt 3: Zusammenfassen

Die quadratische Ergänzung −1 wird mit −3 verrechnet.

$$= -\tfrac{1}{4} \cdot \left[(x+1)^2 - 4 \right]$$

Schritt 4: Den Faktor a mit der eckigen Klammer ausmultiplizieren

Hier ist die Scheitelpunktform, mit $a = -\frac{1}{4}$ und S(−1|1).

$$i(x) = -\tfrac{1}{4} \cdot (x+1)^2 + 1$$

Soweit meine ersten drei Beispiele. Wie gesagt, nur Übung macht hier den Meister. Weitere Trainingsmöglichkeiten zur quadratischen Ergänzung findest du im Aufgabenteil (S.69), dort kann oder muss man die Aufgaben 4.2, 4.4 a), 5.2., 5.4. und 5.5. so lösen. Falls du eigene Aufgaben hast und nicht sicher bist, ob du sie richtig umgeformt hast, bleibt natürlich immer die Kontrollmöglichkeit, die SPF wieder in die NF zurück zu verwandeln (Vergleiche 4.3 ab Seite 36) oder, für ganz Verzweifelte, die Möglichkeit, zwei Wertetabellen anzulegen. Die Umformung ist nur korrekt, wenn beide Formen für jeden x-Wert den gleichen y-Wert liefern, da die mathematische Vorschrift, die in der Funktion steckt, ja nicht verändert wird.

4.9. Von der Normalform NF zur Nullstellenform NSF

Eigentlich könnte ich diesen Abschnitt ganz kurz gestalten, indem ich sage: Lies dir in 4.8. durch, wie man aus der NF die SPF bildet und bilde dann wie in 4.5. gezeigt aus der SPF die NSF. Eine andere Methode gibt es prinzipiell nicht. Das Kombinieren beider Methoden ist aber sehr lehrreich, und es macht einmal mehr den Unterschied zwischen mathematischen Funktionen und Gleichungen deutlich, über den ich mich ja am Anfang dieses Buches weit ausgelassen habe.

Wie du inzwischen aus Abschnitt 4.6. weisst, wird die NSF nicht durch Termumformungen eines Funktionsterms ermittelt, sondern indem man den Streckfaktor a und die Nullstellen x_1 und x_2 aus der anderen Form ermittelt. Die Nullstellenform bilden können heißt also in erster Linie: Die Nullstellen bestimmen können. Aus einer gegebenen FUNKTION in NF wird also zunächst einmal eine GLEICHUNG, in der y=0 gesetzt wird.

$g(x) = x^2 - 4x + 3 \quad \rightarrow \quad x^2 - 4x + 3 = 0$

So habe ich es gezeigt:

Zunächst in die SPF bringen

$$x^2 - 4x + 3 = 0$$
$$(x-2)^2 - 4 + 3 = 0$$
$$(x-2)^2 - 1 = 0 \quad | +1$$

Dann nach x auflösen

$$(x-2)^2 = 1 \quad | \pm\sqrt{\ldots}$$
$$x - 2 = \pm 1 \quad | +2$$
$$x_1 = 3 \qquad x_2 = 1$$

Von vielen anderen gängigen Verfahren, die sich nur durch den Umgang mit dem dritten Summanden, hier +3, unterscheiden, ist diese hier recht elegant.

$$x^2 - 4x + 3 = 0 \quad | +1$$
$$x^2 - 4x + 4 = 1$$
$$(x-2)^2 = 1 \quad | \pm\sqrt{\ldots}$$
$$x - 2 = \pm 1$$
$$x_1 = 3 \qquad x_2 = 1$$

Durch die erste Umformung steht links ein vollständiger binomischer Ausdruck. Dadurch kann auf die quadratische Ergänzung $-b^2$ verzichtet werden.

Bei der Umformung von der NF in die SPF in Abschnitt 4.8. ging es darum, eine FUNKTION so umzugestalten, dass sie eine gewünschte Form annimmt, aber ihre mathematischen Eigenschaften beibehält. Daher war dort die Termumformung, also das Bearbeiten eines Termes durch Einklammern, Ausklammern und ähnliche Methoden, das Mittel der Wahl.

Demgegenüber geht es bei der Bestimmung der Nullstellenform darum, die Nullstellen einer Funktion zu bestimmen bzw. eine QUADRATISCHE GLEICHUNG nach x aufzulösen, deren y-Seite Null ist. Und bei Gleichungen hat man die Möglichkeit, durch gezielte Rechenoperationen die Terme links und rechts zu verändern. Das zugrunde liegende Prinzip dieser sogenannten „Äquivalenz-Umformungen" ist, dass jede Seite der Gleichung zwar „umgeformt" wird und sich dabei verändert, aber linke und rechte Seite zueinander gleich bleiben, weil der Umformschritt auf beiden Seiten das Gleiche (das „Äquivalente") bewirkt. Gleichungen bieten einem wesentlich mehr Spielraum bei der Wahl der Methoden.

Aufgrund des gestiegenen Spielraumes haben Lehrer hier wie gesagt relativ viele Möglichkeiten, mit welchen Schritten sie die Gleichung nach x umstellen wollen. Allen Verfahren ist aber immer gemeinsam, dass sie den quadratischen und linearen x-Anteil, also hier x^2 und $-4x$ zusammenfassen, damit x letztlich nur noch an einer Stelle steht. Die von mir oben rechts vorgeschlagene Methode hat den Vorteil, dass man sich vorher in aller Ruhe über die quadratische Ergänzung Gedanken macht, und in dem relativ anspruchsvollen Schritt, wo die Klammern reinkommen, alles schon sauber vorbereitet ist. Ich werde bei diesem Verfahren bleiben und hoffe, dass mich diejenigen, die von ihrem Lehrer gezwungen sind, leicht abgewandelte Verfahren anzuwenden, trotzdem verstehen. Wie auch immer du rechnest: Die gefundenen Nullstellen müssen am Ende der Musterlösung entsprechen.

Bei Funktion $h(x) = 1{,}5 \cdot x^2 - 3x - 4{,}5$ ergibt sich der Ansatz $1{,}5x^2 - 3x - 4{,}5 = 0$.

1. Als erstes wird wieder der Faktor 1,5 beseitigt. Diesmal aber nicht mit Ausklammern, sondern gleich durch Division, wobei die rechte Seite sich netterweise nicht ändert.

$$1{,}5x^2 - 3x - 4{,}5 = 0 \quad | :1{,}5$$

$$x^2 - 2x - 3 = 0$$

Auf keinen Fall jetzt vergessen, den Streckfaktor a=1,5 zu notieren! Denn wir haben mit der Division zwar nicht die Lösung der Gleichung für x verändert, sehr wohl aber den Funktionsterm auf der linken Seite. Der Term $x^2 - 2x - 3$ entspricht jetzt einer Funktion, die die gleichen Nullstellen wie h(x) hat, jedoch den Streckfaktor 1. Lautet die Aufgabe nur „Bestimmung der Nullstellen", dann ist das egal. Doch für die NSF brauchen wir a.

2. Nun überlegen wir, mit welchem Summanden x^2 und $-2x$ ergänzt werden müssen, damit ein binomischer Ausdruck entsteht. Der lineare Koeffizient ist 2, also ist b=1 und b^2=1. Und wie bekommt man es hin, dass der linke Term nicht auf −3, sondern auf +1 endet? Indem wir die Äquivalenzumformung +4 anwenden.

$$x^2 - 2x - 3 = 0 \quad | +4$$

$$x^2 - 2x + 1 = 4$$

3. Jetzt kann mit der 2. binomischen Formel eingeklammert werden. Der Rest ist das systematische Freilegen vom x.

$a^2 - 2ab + b^2$

$$(x-1)^2 = 4 \quad | \pm\sqrt{\ldots}$$

$(a-b)^2$

$$x - 1 = \pm 2 \quad | +1$$

$$x_1 = -1 \qquad x_2 = 3$$

→ Die Nullstellenform lautet: $h(x) = 1{,}5 \cdot (x+1) \cdot (x-3)$

Bestimmung der NSF aus der NF mit quadratischer Ergänzung

1. NF gleich Null setzen. Gegebenenfalls durch Streckfaktor a teilen. → a
2. b ist die Hälfte des mittleren Koeffizienten. b^2 ist die quadratische Ergänzung. Die Gleichung durch Addition oder Subtraktion einer Zahl so verändern, dass links ein binomischer Ausdruck mit b^2 steht.
3. Den binomischen Ausdruck in Klammerschreibweise setzen und nach x auflösen. → x_1 und x_2

Mit diesem Leitfaden sollte es dir jetzt möglich sein, die Funktion $i(x) = -\frac{1}{4}x^2 - \frac{1}{2}x + \frac{3}{4}$ in die NSF zu bringen. Und weil das nächste Lernziel das Verstehen der pq-Formel ist, mit der man diese Schritte automatisch durchführen kann, bringe ich die Herleitung dazu gleich parallel.

4.10. Die pq-Formel: Das Werkzeug zum Lösen quadratischer Gleichungen

Der Ansatz, um i(x) in die NSF zu bringen, ist die quadratische Gleichung $-\frac{1}{4}x^2 - \frac{1}{2}x + \frac{3}{4} = 0$

Ausgangspunkt der Überlegungen ist bei der pq-Formel die sogenannte „quadratische Normalform“ mit p und q.

1. Nachdem wir die NSF gleich Null gesetzt haben, ist noch durch $-\frac{1}{4}$ zu dividieren.	$-\frac{1}{4}x^2 - \frac{1}{2}x + \frac{3}{4} = 0 \quad \mid :(-\frac{1}{4})$ $x^2 + 2x - 3 = 0 \quad \mid +1$	$x^2 + px + q = 0 \quad \mid +\left(\frac{p}{2}\right)^2$
2. b ist die Hälfte des mittleren Koeffizienten, also links b=1 und allgemein $b = \frac{p}{2}$. Also ist links $b^2 = 1$ und rechts $b^2 = \left(\frac{p}{2}\right)^2$ die quadratische Ergänzung. Der letzte Summand –3 bzw. q wird nun rüber subtrahiert.	$x^2 + 2x + 1 - 3 = 1 \quad \mid +3$ (+1 und +3: oder gleich +4 rechnen) $x^2 + 2x + 1 = 4$ $a^2 + 2ab + b^2$	$x^2 + px + \left(\frac{p}{2}\right)^2 + q = \left(\frac{p}{2}\right)^2 \quad \mid -q$ $x^2 + px + \left(\frac{p}{2}\right)^2 = \left(\frac{p}{2}\right)^2 - q$ $a^2 + 2ab + b^2$
3. Der Ausdruck links lässt sich jetzt mit der 1. binom. Formel einklammern. Dann Wurzel ziehen. Zuletzt noch eine Subtraktion, und x steht alleine auf einer Seite.	$(x+1)^2 = 4 \quad \mid \pm\sqrt{\ldots}$ $x + 1 = \pm 2 \quad \mid -1$ $x_{1,2} = \pm 2 - 1$	$\left(x + \frac{p}{2}\right)^2 = \left(\frac{p}{2}\right)^2 - q \quad \mid \pm\sqrt{\ldots}$ $x + \frac{p}{2} = \pm\sqrt{\left(\frac{p}{2}\right)^2 - q} \quad \mid -\frac{p}{2}$ $x_{1,2} = -\frac{p}{2} \pm \sqrt{\left(\frac{p}{2}\right)^2 - q}$

Da es zwei Lösungen für x gibt, schreibt man entweder x_1 und x_2 getrennt (was manche Lehrer bevorzugen) oder verwendet den Index $x_{1,2}$ bzw. $x_{1/2}$. Der Vollständigkeit halber sei noch die NSF von i genannt: $i(x) = -\frac{1}{4} \cdot (x-1) \cdot (x+3)$

Die pq-Formel

Jede Gleichung vom Schema $x^2 + px + q = 0$

(der sog. „quadratischen Normalform“) kann

nach x aufgelöst werden und lautet dann

$$x_{1,2} = -\frac{p}{2} \pm \sqrt{\left(\frac{p}{2}\right)^2 - q}$$

Während die Buchstaben p und q sich für diese Formel einheitlich in allen mir bekannten Büchern und Formelsammlungen durchgesetzt haben, bevorzugen manche Lehrwerke, den Bestandteil $\left(\frac{p}{2}\right)^2$ mit $\frac{p^2}{4}$ anzugeben, was natürlich das Gleiche ist. Wie einfach man mit diesem Werkzeug die Nullstellen einer Funktion bestimmen kann, zeige ich jetzt für g, h und i.

$g(x) = x^2 - 4x + 3 \overset{①}{=} 0$

$\rightarrow \quad p \overset{②}{=} -4 \quad q = 3$

$x_{1,2} = -\overset{②}{\frac{-4}{2}} \pm \sqrt{\left(\frac{-4}{2}\right)^2 - 3}$

$= 2 \pm \sqrt{2^2 - 3}$ ③

$= 2 \pm 1$

$\rightarrow \quad x_1 = 3$

$x_2 = 1$

$h(x) = 1{,}5x^2 - 3x - 4{,}5 = 0 \quad | :1{,}5$

$x^2 - 2x - 3 \overset{①}{=} 0$

$\rightarrow \quad p = -2 \quad q \overset{②}{=} -3$

$x_{1,2} = -\frac{-2}{2} \pm \sqrt{\left(\frac{-2}{2}\right)^2 - \underset{②}{(-3)}}$

$= 1 \pm \sqrt{1^2 + 3}$ ③

$= 1 \pm 2$

$\rightarrow \quad x_1 = 3$

$x_2 = -1$

$-\frac{1}{4}x^2 - \frac{1}{2}x + \frac{3}{4} = 0 \quad | :\left(-\frac{1}{4}\right)$

$x^2 + 2x - 3 \overset{①}{=} 0$

$\rightarrow \quad p = 2 \quad q = -3$

$x_{1,2} = -\frac{2}{2} \pm \sqrt{\left(\frac{2}{2}\right)^2 - (-3)}$

$= -1 \pm \sqrt{1^2 + 3}$

$= -1 \pm 2$

$\rightarrow \quad x_1 = 1$

$x_2 = -3$

Häufige Fehlerquellen. Beachte!

① Vor dem Auslesen von p und q muss die quadratische Normalform stehen, also rechts die Null und links kein Faktor mehr vor dem x^2.

② Eventuell vorhandene negative Vorzeichen richtig auslesen und in die Formel einsetzen.

③ Hast du es bemerkt? An dieser Stelle habe ich einen Vorzeichenfehler begangen. Das Vorzeichen ist hier ausnahmsweise einmal egal, wenn der Bruch $\frac{p}{2}$ bzw. $-\frac{p}{2}$ gleich quadriert („hoch 2 genommen“) wird. Anstatt mir über den relativ komplizierten Formelausdruck $\left(\frac{p}{2}\right)^2$ bzw. $\frac{p^2}{4}$ Gedanken zu machen, der dann auch noch unter einer Wurzel steht, schaue ich immer darauf, was VOR der Wurzel steht. Der Betrag dieser Zahl wird dann unter die Wurzel mit „hoch 2“ geschrieben. Dies ist nur ein Tipp zur Übersichtlichkeit.

Sollte es nicht nur um die Nullstellenbestimmung, sondern um die Angabe der Nullstellenform einer Funktion gehen, dann vergiss nicht den Streckfaktor a! Hier wiederhole ich mich gern.

Was ich hier als Mittel verkaufe, um quadratische Funktionen von der Normalform in die Nullstellenform zu bringen, ist weit mehr als das. Denn die pq-Formel ist DAS Instrument, um JEDE quadratische Gleichung nach x umzustellen, weil sich der x-Anteil und der x^2-Anteil nicht mehr anders (bzw. nur noch über die quadratische Ergänzung) zusammenfassen lassen. Ich habe keine Abiturprüfung in Erinnerung, in der sie nicht irgendwie nützlich gewesen wäre.

Es gibt übrigens noch eine ähnliche Formel zum Lösen quadratischer Gleichungen: Die abc-Fomel oder auch „Mitternachtsformel“. Hier kann man sich die Division durch den Streckfaktor a zum Erreichen der quadratischen Normalform sparen. Dies wird aber mit einer komplizierteren Lösungsformel erkauft, weswegen sie seltener unterrichtet wird.

Die abc-Formel („Mitternachtsformel“)

Jede Gleichung vom Schema $ax^2 + bx + c = 0$ kann nach x aufgelöst werden und lautet dann

$$x_{1,2} = \frac{-b \pm \sqrt{b^2 - 4ac}}{2a}$$

Wer es mag, kann die Beispiele h und g der Vorseite noch einmal mit dieser Formel rechnen. Das Ergebnis muss in jedem Fall gleich sein. Es kann übrigens gut sein, dass du bei deinem Taschenrechner die eine oder andere Klammer setzen musst, die nicht in der Formel steht, damit dein Rechner weiß, welche Bestandteile zusammen gehören (z.B. der Term unter der Wurzel). Es kann gar nicht oft genug gesagt werden, deshalb wiederhole ich es noch einmal: Mache dich so früh wie möglich mit dem Taschenrechner-Modell vertraut, das du bis zum Ende deiner Prüfungstage nutzen wirst!

Das Folgende ist eigentlich erst Gegenstand von Kapitel 5. Da es aber so wichtig ist, sei mir hier schon einmal die Bemerkung erlaubt.

Sonderfälle beim Rechnen mit pq-Formel und abc-Formel

Ist der Term unter der Wurzel (die sogenannte „Diskriminante“) größer als Null, dann gibt es zwei verschiedene Lösungen x_1 und x_2.

Ist er gleich Null, dann gibt es eine Lösung x_1 (eine doppelte Nullstelle der entsprechenden Funktion).

Und ist er kleiner als Null, dann gibt es keine reellen Lösungen der Gleichung.

4.11. Von der Nullstellenform NSF zur Scheitelpunktform SPF

Nach diesem kleinen Abstecher in die Welt der quadratischen Gleichungen geht es weiter mit dem letzten Kapitel zur Umrechung der verschiedenen Formen. Die Umrechnung der NSF in die SPF ist mir sehr selten begegnet, wahrscheinlich brauchen die meisten Schüler dazu gar kein Verfahren kennen, sondern gehen notfalls den Umweg über die NF, wie in A) gezeigt. Ansatz B) ist mein Vorschlag aus der Praxis als Nachhilfelehrer für Interessierte.

A) Über die Normalform als Zwischenstufe (vgl. 4.7 und 4.8.)

$$g(x) = \underbrace{(x-1)\cdot(x-3)}_{\text{NSF}} = \underbrace{x^2-4x+3}_{\text{NF}} = (x-2)^2-4+3 = \underbrace{(x-2)^2-1}_{\text{SPF}}$$

$$h(x) = \underbrace{1{,}5\cdot(x+1)\cdot(x-3)}_{\text{NSF}} = \underbrace{1{,}5\cdot\left[x^2-2x-3\right]}_{\text{Zwischenform. Auf die vollständige NF kann hier verzichtet werden.}} = 1{,}5\cdot\left[(x-1)^2-4\right] = \underbrace{1{,}5\cdot(x-1)^2-6}_{\text{SPF}}$$

$$i(x) = \overbrace{-\tfrac{1}{4}\cdot(x-1)\cdot(x+3)} = \overbrace{-\tfrac{1}{4}\cdot\left[x^2-2x-3\right]} = -\tfrac{1}{4}\cdot\left[(x-1)^2-4\right] = \overbrace{-\tfrac{1}{4}\cdot(x-1)^2+1}$$

B) Durch gezielte Bestimmung von Streckfaktor a und Scheitelpunkt $S(x_0|y_0)$

> Bei quadratischen Parabeln mit 2 Nullstellen x_1 und x_2 liegt die x-Koordinate des Scheitelpunktes x_0 stets genau in der Mitte zwischen den beiden Nullstellen.
>
> Damit gilt für die Scheitelpunkt-Koordinaten: $x_0 = \frac{x_1+x_2}{2}$ und $y_0 = f(x_0)$

Ich bin nicht sicher, ob jeder Lehrer diesen Satz ohne Beweis akzeptiert, denn wie gesagt kenne ich für diese Regel keinen Namen. Dass es funktioniert, zeige ich hier für i(x).

$i(x) = -\frac{1}{4}\cdot(x-1)\cdot(x+3)$ → Streckfaktor $a = -\frac{1}{4}$, Nullstellen $x_1 = 1$, $x_2 = -3$

Koordinaten des Scheitels:

$$x_0 = \frac{x_1+x_2}{2} = \frac{1+(-3)}{2} = -1$$

$$y_0 = i(-1) = -\tfrac{1}{4}\cdot(-1-1)\cdot(-1+3) = 1$$

→ Die vollständige Scheitelpunktform:

$$i(x) = a\cdot(x-x_0)^2+y_0$$

$$i(x) = -\tfrac{1}{4}(x+1)^2+1$$

4.12. Übersicht über die Formen und das Umform-Verfahren

Normalform NF („Polynomform")

$f(x) = ax^2 + bx + c$

Schnelles Erkennen von Öffnungsrichtung, Streckung und y-Abschnitt

Einfaches Ableiten und Integrieren (im Abi-Themenblock Analysis)

Erkennung der Nullstellen und Lage des Scheitels nicht ohne Weiteres möglich

$g(x) = x^2 - 4x + 3$

$h(x) = 1{,}5x^2 - 3x - 4{,}5$

$i(x) = -\frac{1}{4}x^2 - \frac{1}{2}x + \frac{3}{4}$

pq-Formel oder quadratische Ergänzung

ausmultiplizieren

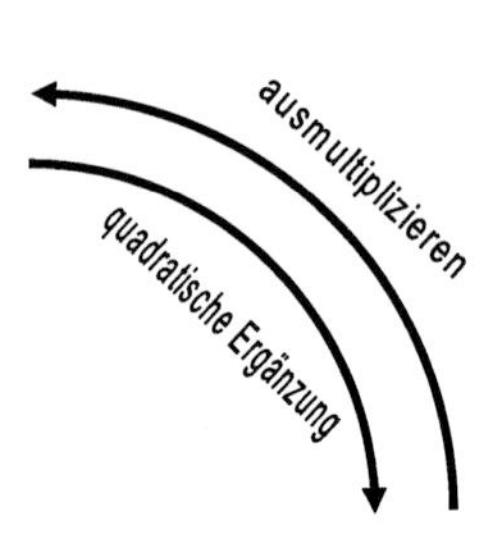

$g(x) = (x-1)\cdot(x-3)$

$h(x) = 1{,}5\cdot(x+1)\cdot(x-3)$

$i(x) = -\frac{1}{4}\cdot(x-1)\cdot(x+3)$

$g(x) = (x-2)^2 - 1$

$h(x) = 1{,}5\cdot(x-1)^2 - 6$

$i(x) = -\frac{1}{4}(x+1)^2 + 1$

Nullstellenform NSF („faktorisierte Form")

$f(x) = a\cdot(x-x_1)\cdot(x-x_2)$

Nicht immer vorhanden!

Schnelles Erkennen von Öffnungsrichtung, Streckung und Nullstellen

Nullsetzen und nach x auflösen

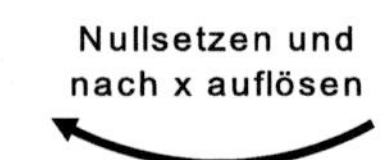

Scheitelpunkt berechnen

Scheitelpunktform SPF

$f(x) = a\cdot(x-x_0)^2 + y_0$

Schnelles Erkennen von Öffnungsrichtung, Streckung und Lage des Scheitels

Sofortiges Skizzieren möglich

Grafische Bedeutung einzelner Bestandteile

a: Streckfaktor, das Vorzeichen bestimmt die Öffnungsrichtung der Parabel

b: keine grafische Bedeutung (außer b=0 → Achsensymmetrie)

c: y-Abschnitt

x_0, y_0: Koordinaten des Scheitelpunktes

x_1, x_2: Nullstellen

Das auf der linken Seite stehende Schema fasst das Gesagte von Kapitel 4 noch einmal insgesamt zusammen. Unten ist das Schaubild der Grafen von den drei Beispielfunktionen g, h und i. Nimm dir jetzt bitte etwas Zeit, um die einzelnen mathematischen Eigenschaften der drei Formen von g, h und i in der Grafik wieder zu erkennen. Es geht dabei ganz konkret um die Öffnungsrichtung und Streckung des Grafen (mit Blick auf den Streckfaktor a), die Lage des Scheitelpunktes (x_0, y_0), die Lage der Nullstellen (x_1, x_2) und die Lages des y-Abschnitts c, die man im Funktionsterm und in der Grafik wiederfindet.

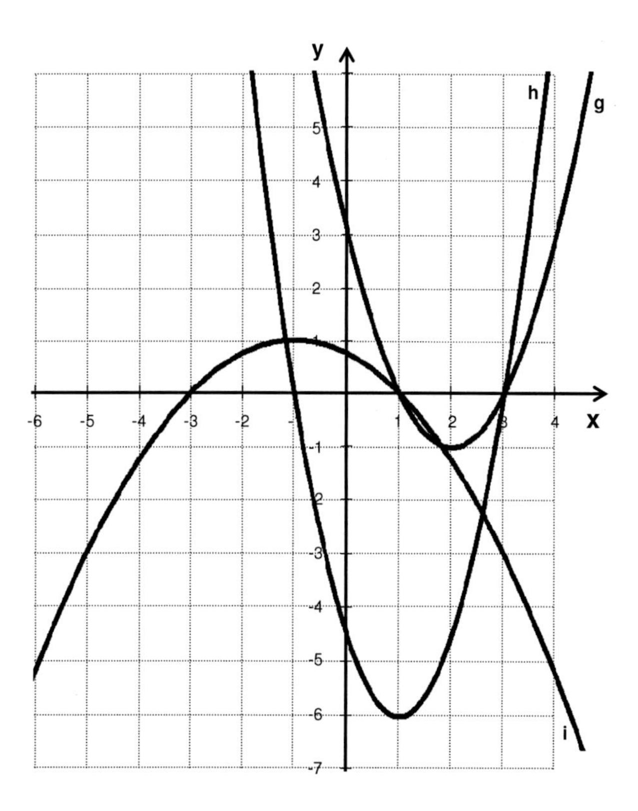

Wer sich gut auskennt und die markanten grafischen Eigenschaften einer Parabel aus ihrem Funktionsterm erkennt, bzw. die fehlenden Eigenschaften durch Umformung des Funktionsterms erfährt, der bekommt die Zeichnung meist schneller hin als jemand, der den klassischen Weg über die Wertetabelle geht.

5. Sonderfälle und unregelmäßige Formen

5.1. Keine reellen Nullstellen → keine Nullstellenform

Ich habe es ja schon kurz erwähnt. Nicht alle quadratischen Funktionen haben zwangsläufig eine (doppelte) oder zwei Nullstellen[24]. Manche haben gar keine. Rein grafisch äußerst sich das natürlich dadurch, dass der Graf der Funktion keinen gemeinsamen Punkt mit der x-Achse hat, also für keinen x-Wert gilt: f(x)=0. Aber wie bemerkt man das beim Umgang mit den Funktionstermen und Gleichungen, ganz ohne grafisches Schaubild?

Es ist ziemlich einfach. Wenn es keine Nullstellen gibt, lässt sich keine Nullstellenform bestimmen bzw. dann hat die Funktionsgleichung nach y=0 aufgelöst keine Lösung für x. Der Schritt, bei dem man dann festsitzt – und das gilt für alle Verfahren – ist immer das Wurzelziehen („Radizieren"). Die Wurzel einer negativen Zahl existiert nicht. Ein Beispiel:

Von der Funktion $f(x) = x^2 - 4x + 6$ werden die Nullstellen gesucht. Tatsächlich gibt es keine.

Lösung mit der pq-Formel liefert keine reelle[25] Lösung:

$x^2 - 4x + 6 = 0$ $\qquad$ $x_{1,2} = -\frac{-4}{2} \pm \sqrt{\left(\frac{-4}{2}\right)^2 - 6}$

$p = -4 \quad q = 6$ $\qquad$ $x_{1,2} = 2 \pm \sqrt{-2}$ $\qquad$ → $x_{1,2}$ nicht definiert

Wenn also die Aufgabe in einer Arbeit lautet: „Prüfe, wie viele Nullstellen die Funktion hat", dann brauchst du streng genommen nicht die ganze pq-Formel, sondern kannst auch nur den Term unter der Wurzel[26] $\left(\frac{p}{2}\right)^2 - q$ auf sein Vorzeichen untersuchen. Vergleiche hierzu auch nochmals den Kasten auf Seite 56 unten.

5.2. Doppelte Nullstelle → Hoch- oder Tiefpunkt auf x-Achse

Hierzu ist alles Wichtige schon gesagt unter Nullstellenform auf Seite 43 ab Absatz 2.

[24] Mehr als zwei geht ohnehin nicht, weil ja alle quadratischen Parabeln auf der Normalparabel $f(x)=x^2$ basieren, wie in Abschnitt 3 ausführlich beschrieben.

[25] Wer vorhat, Mathe oder Ingenieurwissenschaften zu studieren, der wird später lernen, dass man unter bestimmten Grundannahmen doch die Wurzel aus negativen Zahlen ziehen kann und dabei eine „Lösung" aus der Menge der sogenannten „imaginären" Zahlenmenge bekommt. Da in der Schule nicht mit den imaginären Zahlen gerechnet wird, sondern mit der Menge der reellen Zahlen, betont man dort gern in der Formulierung, dass es keine „REELLEN LÖSUNGEN" für x gibt.

[26] Dieser wird als „Diskriminante" bezeichnet.

5.3. Fehlendes lineares Glied +bx in der Normalform – reinquadratische Gleichung

> Merke dir ganz grundsätzlich: Wenn einzelne Bestandteile im Schema einer der drei Erscheinungsformen Normalform, Scheitelpunktform bzw. Nullstellenform fehlen, darfst du sie immer durch das entsprechende neutrale Element ersetzen. Das neutrale Element bei der Addition und Subtraktion ist Null, das neutrale Element der Multiplikation ist Eins.

Gegeben ist z.B. die Funktion $f(x)=x^2-4$. Ob du es glaubst oder nicht: Dies ist sowohl die Normalform als auch schon die Scheitelpunktform. Deutlich wird dies, wenn man gemäß dem obigen Kasten die neutralen Elemente ergänzt.

Die NF lautet allgemein: ax^2+bx+c → $f(x)=1\cdot x^2+0\cdot x-4$ → $a=1$; $b=0$; $c=-4$
Die SPF lautet allgemein: $a\cdot(x-x_0)^2+y_0$ → $f(x)=1\cdot(x-0)^2-4$ → $a=1$; $x_0=0$; $y_0=-4$

Diese schriftliche Aufstellung macht normalerweise kein Lehrer, es wird wohl auch keiner so von dir verlangen. Viele Lehrer erwarten aber zumindest von den besseren Schülern, dass diese einen solchen Blick für quadratische Funktionen entwickeln und entsprechend sehr schnell eine Vorstellung vom Graf der Funktion haben. Folgende Aussagen könnten kluge Leute mit einem solchen Blick sehr schnell zur Funktion $f(x)=x^2-4$ abgeben:

1. Aus der NF (Vgl. auch 4.4., Seite 40): „Ich sehe eine Parabel mit Streckfaktor Eins und dem y-Abschnitt −4. Da b=0 ist, muss sie achsensymmetrisch sein."
2. Aus der SPF (Vgl. auch 3.7, Seite 29): „Ich sehe eine Parabel mit Streckfaktor Eins, deren Scheitel bei S(0|−4) liegt.
3. Aus dem allgemeinen Wissen über x- und y-Verschiebungen (Vgl. 3.1., Seite 16): „Ich sehe eine Normalparabel, die um 4 Einheiten nach unten verschoben wurde."

Alle drei Aussagen kommen aus verschiedenen Perspektiven und sind gleichermaßen richtig. Für den praktischen Rechenalltag der Mehrheit im Kampf um halbwegs passable Klausurergebnisse sind solche Betrachtungen aber nicht zwingend erforderlich. Wie gesagt, man kann notfalls immer auch eine Wertetabelle machen und den Grafen zeichnen, aber gute Schüler sollten die knappe Zeit in Klausuren besser investieren.

Auch für die Bestimmung der Nullstellen, die mit Abstand am häufigsten vorkommende Frage überhaupt, kann man auf diese Darstellungen verzichten. Nur wer sich so in die pq-Formel verliebt hat, dass er JEDES Nullstellenproblem damit lösen möchte, der rechnet wie folgt.

Aufgabe: Bestimme die Nullstellen der Funktion $f(x) = x^2 - 4$.

<u>Lösung mit der pq-Formel (etwas ungewöhnlich und umständlich, aber keineswegs verkehrt)</u>

Ansatz: Quadratische Normalform vervollständigen, dann p und q bestimmen.

$$x^2 + 0 \cdot x - 4 = 0$$
$$p = 0 \qquad q = -4$$

Bei der Rechnung mit der pq-Formel fällt dann das Überflüssige wieder heraus:

$$x_{1,2} = -\tfrac{0}{2} \pm \sqrt{\left(\tfrac{0}{2}\right)^2 - (-4)}$$
$$x_1 = 0 + \sqrt{4} = 2$$
$$x_2 = 0 - \sqrt{4} = -2$$

<u>Alle anderen lösen wie seit Urzeiten durch Umstellung der Gleichung nach x</u>

Immer wenn x vereinzelt an nur einer Stelle steht, kann man sich den gesamten Zinnober mit quadratischer Ergänzung, pq-Fomel und was noch alles beim Abi kommt (Ausklammern, Polynomdivision, Substitution) schenken. Also ganz einfach:

Ansatz: Funktionsterm mit y=0 gleichsetzen dann Wurzelziehen und natürlich die negative Lösung nicht vergessen.

$$x^2 - 4 = 0 \quad | +4$$
$$x^2 = 4 \quad | \pm\sqrt{\ldots}$$
$$x_1 = 2$$
$$x_2 = -2$$

Mathematiker bezeichnen quadratische Gleichungen der Form $ax^2+c=0$, also Gleichungen, bei denen der lineare Anteil $+bx$ fehlt, als „reinquadratische“ Gleichungen. Alle Gleichungen mit quadratischem und linearem Anteil heißen dagegen „gemischtquadratische“ Gleichungen.

5.4. Fehlendes absolutes Glied +c. Lösungstechnik Ausklammern.

Neues Beispiel: Bestimme alle fehlenden Formen der Funktion: $f(x) = 4x^2 + 2x$

Zunächst einmal stelle ich fest, dass f in der gegebenen Form in der NF vorliegt, wobei der sogenannte „absolute Anteil“ (auch genannt: das absolute Glied) $+c$ fehlt bzw. $c=0$ gilt.

Der Streckfaktor wird wie immer am quadratischen Glied der Normalform abgelesen und lautet a=4. Die Nullstellen ließen sich jetzt prinzipiell wieder mit der pq-Formel bestimmen, wobei natürlich NICHT p=4 und q=2 gilt!

Nullstellenbestimmung mit pq-Formel (wieder etwas umständlich, aber möglich)

Zunächst einmal MUSS die Gleichung in der quadratischen Normalform stehen, also ohne den Streckfaktor a=4.

$$4x^2 + 2x + 0 = 0 \quad |:4$$

$$x^2 + \tfrac{1}{2}x + 0 = 0$$

Dann erst p (der lineare Koeffizient) und q (das absolute Glied) bestimmen.

$$p = \tfrac{1}{2} \qquad q = 0$$

Der Umgang mit solchen „Doppeldecker“-Brüchen will auch gelernt sein[27]. Wen das aber nicht abschreckt, der kommt schließlich zum richtigen Ergebnis.

$$x_{1,2} = -\frac{\frac{1}{2}}{2} \pm \sqrt{\left(\frac{\frac{1}{2}}{2}\right)^2 - 0}$$

$$x_1 = -\tfrac{1}{4} + \tfrac{1}{4} = 0$$

$$x_2 = -\tfrac{1}{4} - \tfrac{1}{4} = -\tfrac{1}{2}$$

Nullstellenbestimmung durch Ausklammern (die Standard-Methode)

Alle Gleichungen, die sich nicht mehr ohne Weiteres nach x umstellen lassen, löst man zunächst so auf, dass auf einer Seite die Null steht.

$$4x^2 + 2x = 0$$

Dank dem fehlenden absoluten Glied kann man nun das x ausklammern.

$$x \cdot (4x + 2) = 0$$

[Möglich wäre übrigens auch gewesen: $2x \cdot (2x + 1) = 0$]

Jetzt beginnt die Argumentation mit einer altbekannten mathematischen Binsenweisheit: Ein Produkt ist Null, wenn einer seiner Faktoren Null ist.

Also ist die Gleichung gelöst, wenn der ausklammerte Teil Null ist, oder wenn der Klammerterm Null ist. Falls man Letzteres nicht sofort erkennt, stellt man sich diese Frage in Form einer Gleichung.

$$x_1 = 0$$

$$4x + 2 = 0 \quad | -2$$

$$4x = -2 \quad | :4$$

$$x_2 = -\tfrac{1}{2}$$

Damit ist die Nullstellenform: $f(x) = 4 \cdot (x - 0) \cdot (x + \tfrac{1}{2})$ bzw. $f(x) = 4x \cdot (x + \tfrac{1}{2})$

[27] Am sichersten ist hier immer, wenn man gut mit dem Taschenrechner umgehen kann und auch weiß, an welcher Stelle man im Taschenrechner möglicherweise eine Klammer mehr setzen muss als auf dem Papier. Für alle anderen sage ich hier nur knapp: Denkt dran, dass ein Bruchstrich auch als „geteilt durch“ gerechnet werden kann, und dass Brüche durcheinander geteilt werden, indem man mit dem Kehrwert multipliziert, also $-\tfrac{1}{2} : 2 = -\tfrac{1}{2} \cdot \tfrac{1}{2} = -\tfrac{1}{4}$

Die Scheitelpunktform ermittle ich aus der gegebenen Normalform anhand meines Leitfadens von Seite 50:

Schritt 1: x^2 ohne Streckfaktor

Ausklammern vom Streckfaktor a=4. $\quad f(x) = 4x^2 + 2x$

Schritt 2: binomischen Klammerausdruck einfügen

Da man ohnehin beim Bilden der binomischen Klammer nur auf die ersten beiden Summanden schaut, ist das Verfahren direkt anwendbar. Das lineare Glied heißt hier $+\frac{1}{2}x$, entsprechend wird die erste binom. Formel verwendet. Der Koeffizient ist $\frac{1}{2}$, und seine Hälfte $b = \frac{1}{4}$. Die quadratische Ergänzung ist $b^2 = \frac{1}{16}$. $\quad = 4 \cdot \left[x^2 + \frac{1}{2}x\right]$

Schritt 3: Zusammenfassen

Entfällt hier, da es nichts zum Zusammenfassen gibt ☺ $\quad = 4 \cdot \left[\left(x + \frac{1}{4}\right)^2 - \frac{1}{16}\right]$

Schritt 4: Den Faktor a mit jedem Summanden der eckigen Klammer ausmultiplizieren

Mit $4 \cdot \left(-\frac{1}{16}\right) = -\frac{1}{4}$ ergibt sich folgende Scheitelpunktform: $\quad f(x) = 4 \cdot \left(x + \frac{1}{4}\right)^2 - \frac{1}{4}$

Wie du siehst, lassen sich die gezeigten Methoden aus diesem Buch auch auf die Sonderfälle anwenden. In manchen Fällen kommt man aber mit herkömmlichen Lösungsmethoden sogar schneller und einfacher ans Ziel, auf die pq-Formel kann man hier regelmäßig verzichten.

Damit ist mein Erklärungsteil zu den quadratischen Funktionen abgeschlossen. Die besprochenen Formeln und Umformschritte sind im Prinzip genau das, was man auch im Umgang mit den quadratischen Gleichungen, dem 2. Teil im Titel dieses Buches, braucht. Leider sind der Fantasie beim Erdenken von Aufgaben zu quadratischen Gleichungen kaum Grenzen gesetzt. Daher macht es für dich wenig Sinn, die Beispiele im folgenden Abschnitt 5.5. auswendig zu lernen. Es geht mir darum, dir anhand einiger typischer Fragestellungen zu zeigen, wie man über ein vernünftiges Verständnis der grafischen Verhältnisse, den soliden Umgang mit Äquivalenzumformungen und dem Methodenwissen zur Scheitelpunkt- und Nullstellenbestimmung jede solche Aufgabe lösen kann. Versuche daher (wie immer), bei den folgenden Beispielen von Anfang an mit über die Lösung nachzudenken – denn das nötige Wissen dazu solltest du jetzt prinzipiell schon haben.

5.5. Anwendung der Methoden auf Probleme zu quadratischen Gleichungen

Beispiel 1: Bestimme die Schnittpunkte der Funktionen (quadratische und lineare)

$$f(x) = x^2 + 2x - 1 \quad \text{und} \quad g(x) = x + 1$$

Schnittpunkte zweier Funktionen sind die identischen x,y-Wertepaare, die sich aufgrund der mathematischen Vorschrift der Funktion ergeben. Gefragt ist also zunächst: Bei welchen x-Werten liefert f den gleichen y-Wert wie g? Diese Frage sieht mathematisch so aus:

$$f(x) = g(x)$$

Gleichsetzen der y-Werte…

$$x^2 + 2x - 1 = x + 1 \quad | -x$$

$$x^2 + x - 1 = 1 \quad | -1$$

Die Gleichung lässt sich wegen dem x^2 und x-Anteil nicht ohne weiteres direkt nach x umstellen. Deshalb zunächst Null auf eine Seite bringen.

$$x^2 + x - 2 = 0$$

$$p = 1 \qquad q = -2$$

$$x_{1,2} = -\frac{1}{2} \pm \sqrt{\left(\frac{1}{2}\right)^2 - (-2)}$$

Nun kann mit der pq-Formel gelöst werden. Die Zeile mit dieser quadratischen Normalform wäre übrigens auch der Ansatz, wenn die Aufgabe geheißen hätte: Bestimme die Nullstellen der Funktion $h(x) = x^2 + x - 2$

$$x_1 = -\tfrac{1}{2} + \tfrac{3}{2} = 1$$

$$x_2 = -\tfrac{1}{2} - \tfrac{3}{2} = -2$$

$$g(x_1) = g(1) = 2 \quad \rightarrow \quad S_1(1\,|\,2)$$

$$g(x_2) = g(-2) = -1 \quad \rightarrow \quad S_2(-2\,|\,-1)$$

Es lohnt sich, die Nullstellen N_1 und N_2 von h(x) (als gestrichelte Linie dargestellt) einmal mit den Schnittpunkten von f(x) mit g(x), S_1 und S_2 in der Grafik zu vergleichen. Die beteiligten x-Werte sind gleich.

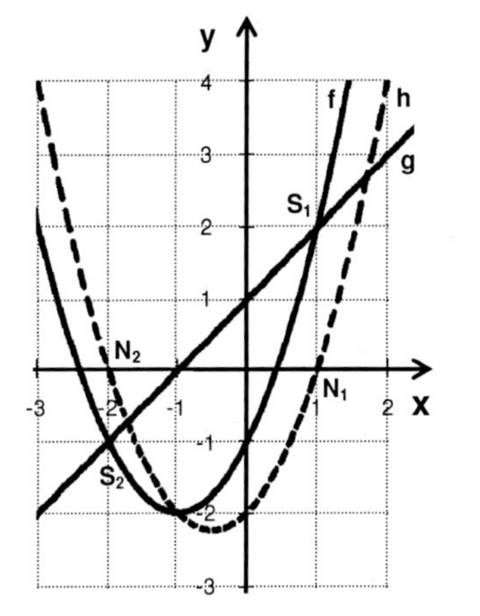

Die Lösung aller quadratischen Gleichungen mit einer Unbekannten lässt sich also letztlich in ein Nullstellenproblem verwandeln. Deshalb ist die pq-Formel ein so wichtiges Mittel beim Lösen quadratischer Gleichungen.

Beispiel 2: Bestimme die Schnittpunkte der beiden quadratischen Funktionen

$$i(x) = -\tfrac{1}{4}x^2 - \tfrac{1}{2}x + \tfrac{3}{4} \quad \text{und} \quad g(x) = (x-1)\cdot(x-3)$$

Wie in Beispiel 1 ist auch hier wieder der Ansatz das Gleichsetzen beider Funktionen. Fast immer macht man sich das Leben dabei leichter, wenn man vorhandene Klammern zunächst ausmultipliziert bzw. beide Seiten auf die NF bringt[28]. Durchaus praxisrelevant für Schüler ist in dieser Aufgabe die Erschwernis, mit Brüchen zu rechnen.

$$i(x) = g(x)$$

Gleichsetzen.

$$-\tfrac{1}{4}x^2 - \tfrac{1}{2}x + \tfrac{3}{4} = (x-1)\cdot(x-3)$$

Ausmultiplizieren der rechten Seite.

$$-\tfrac{1}{4}x^2 - \tfrac{1}{2}x + \tfrac{3}{4} = x^2 - 4x + 3 \quad \mid -(x^2 - 4x + 3)$$

Null auf eine Seite bringen[29].

$$-\tfrac{5}{4}x^2 + \tfrac{7}{2}x - \tfrac{9}{4} = 0 \quad \mid :\left(-\tfrac{5}{4}\right)$$

Quadratische Normalform bilden.

$$x^2 - \tfrac{14}{5}x + \tfrac{9}{5} = 0$$

$$\rightarrow \quad p = -\tfrac{14}{5} \qquad q = \tfrac{9}{5}$$

Bestimmung von p und q zur Anwendung der pq-Formel.

$$x_{1,2} = -\frac{-\frac{14}{5}}{2} \pm \sqrt{\left(\frac{-\frac{14}{5}}{2}\right)^2 - \frac{9}{5}}$$

$$x_{1,2} = \frac{7}{5} \pm \sqrt{\frac{49}{25} - \frac{45}{25}}$$

$$x_1 = \tfrac{7}{5} + \tfrac{2}{5} = \tfrac{9}{5} = 1{,}8$$

$$x_2 = \tfrac{7}{5} - \tfrac{2}{5} = 1$$

Angesichts der vielen Brüche würde ich spätestens jetzt in einer Klausur wohl mit Taschenrechner rechnen. Doch es ist keine schlechte Übung, den Rechner hier ruhen lassen, denn zumindest in Mathe-Leistungskursen könnten auf der rechten Seite auch Variablen bzw. Buchstaben stehen, und dann muss man die Brüche „von Hand" berechnen.

Die Bestimmung der fehlenden y-Koordinate der Schnittpunkte liefert:

$$g(x_1) = g\left(\tfrac{9}{5}\right) = \left(\tfrac{9}{5} - 1\right)\cdot\left(\tfrac{9}{5} - 3\right) = -\tfrac{24}{5} = -0{,}96 \qquad \rightarrow \quad S_1(1{,}8 \mid -0{,}96)$$

$$g(x_2) = g(1) = (1-1)\cdot(1-3) = 0 \qquad \rightarrow \quad S_2(1 \mid 0)$$

Übrigens: Auf Seite 59 findest du die entsprechende Grafik, denn die beiden Funktionen sind in Teil 4 bereits mehrfach aufgetreten.

[28] Übrigens: Steht die Variable x im Nenner (dem unteren Teil) eines Bruches, dann muss zunächst die gesamte Gleichung mit dem Nenner-Ausdruck durchmultipliziert werden. Mehr zu solchen allgemeinen Lösungstechniken findest du im Mathe-Dschungelführer Analysis 1: Terme & Gleichungen.

[29] Das sollten ungeübtere Schüler natürlich schrittweise und notfalls unter Zuhilfenahme des Taschenrechners tun, der einem beim Zusammenfassen der Koeffizienten gute Dienste leisten kann.

Beispiel 3: Rekonstruktionsaufgabe (Steckbriefaufgabe). Bei diesen Aufgaben geht es darum, aus gegebenen Eigenschaften einer Funktion auf den Funktionsterm zu kommen. Welche quadratische Funktion geht durch die Punkte P(−5|0), Q(−3|0) und R(0|−30)?

Meist verwendet man zur Lösung solcher Aufgaben die Normalform. Je nachdem, wie viel man über den gefragten Funktionstyp kennt, kann man manchmal aber auch schneller mit einer anderen Form lösen. Da ich alles Wichtige zu diesem Aufgabentyp in meinem Buch[30] „Rekonstruktionsaufgaben" erkläre, fasse ich mich hier relativ kurz mit den allgemeinen Erklärungen. Die Beherrschung solcher Aufgaben ist aber ein wichtiges Abiturthema.

Lösung mit der NF:

Die Funktion muss dem allgemeinen Schema $f(x)=ax^2+bx+c$ entsprechen. Wegen Punkt R(0|−30) ist der y-Abschnitt c=−30.

Zwischenergebnis: $f(x)=ax^2+bx-30$

Punktprobe[31] bei P(−5|0) $\quad f(-5)=0 \quad 0=a\cdot(-5)^2+b\cdot(-5)-30 = 25a-5b-30 \quad |:5$

Punktprobe bei Q(−3|0) $\quad f(-3)=0 \quad 0=a\cdot(-3)^2+b\cdot(-3)-30 = 9a-3b-30 \quad |:3$

Durch die Division wird die Gleichheit der Koeffizienten bei b hergestellt.

Von Gleichung I. erfolgt die Subtraktion mit Gleichung II. so dass a als einzige Unbekannte übrig bleibt

$$0=5a-b-6$$
$$0=3a-b-10 \quad \ominus$$
$$0=2a+4 \quad |-4 \quad |:2$$

Umstellen der Gleichung nach der Unbekannten a: $-2=a$

Einsetzen von a=−2 in einer Gleichung mit b, z.B. II.

$$0=3\cdot(-2)-b-10$$
$$0=-16-b \quad |+b$$
$$b=-16$$

→ die gesuchte Funktion lautet in der NF: $f(x)=-2x^2-16x-30$

Noch bequemer geht es hier mit der NSF, da beide Nullstellen bekannt sind.

[30] Der Mathe-Dschungelführer Analysis: Rekonstruktionsaufgaben, Steckbriefaufgaben. ISBN 978-3-940445-29-2.

[31] Die „Punktprobe" ist das Einsetzen der Koordinaten eines Punktes in eine Gleichung mit dem Ziel, mehr über die dort vorhandenen Unbekannten zu erfahren.

Lösung mit der Nullstellenform:

Die Funktion muss dem allgemeinen Schema $f(x)=a\cdot(x-x_1)\cdot(x-x_2)$ entsprechen. Wegen der Punkte P(−5|0) und Q(−3|0), deren x-Koordinaten die Nullstellen x_1 und x_2 sind, kommt man schnell zum Zwischenergebnis:

$$f(x)=a\cdot(x+5)\cdot(x+3)$$

Nun ist noch die Information aus R(0|−30) in einer Punktprobe zu verwenden.

$$-30=a\cdot(0+5)\cdot(0+3)$$
$$-30=15\cdot a \qquad |:15$$
$$-2=a$$

→ die gesuchte Funktion lautet in der NSF: $f(x)=-2\cdot(x+5)\cdot(x+3)$

Falls man sie in der NF angeben soll, multipliziert man sie noch kurz aus.

$$f(x)=-2\cdot(x^2+8x+15)$$
$$f(x)=-2x^2-16x-30$$

Übrigens: Gelegentlich werden die „Steckbrief-Hinweise“ nicht als Punkte gegeben, sondern in Form eines Schaubildes des Grafen.

Sicherlich gibt es noch viele Aufgabentypen zu den quadratischen Gleichungen, die sich ein wenig von meinen Beispielen unterscheiden. Wer die Rechentechnik zur Bestimmung von Nullstellen und der Lage des Scheitelpunktes beherrscht und zwischen dem Erscheinungsbild eines Funktionsterms und dem grafischen Schaubild gedanklich hin- und herschalten kann, dem sollte das alles aber nicht mehr schwer fallen. Jetzt erhältst du Gelegenheit, dein hier erlerntes Wissen anhand von Beispielaufgaben selbständig anzuwenden.

Falls du einmal festsitzt, solltest du die Musterlösung nur so weit lesen, bis du selbst wieder weiterkommst. Da jede Aufgabe inhaltlich zu dem Kapitel im Erklärungsteil mit gleicher Nummer gehört, erlaube ich mir, bei den Erklärungen teilweise entsprechende Querverweise zu setzen.

Aufgabenteil

Aufgabe 1 – Wiederholung Gleichungen und Funktionen

1.1 Warum gehört zu einem x-Wert bei jeder Funktion immer genau ein y-Wert, aber zu einem y-Wert können mehrere x-Werte gehören?

1.2 Trage die folgenden Punkte in ein Koordinatensystem ein:

a) A(0|1); B(0,5|1); C(1|2); D(2|3); E($\frac{5}{2}$ | $\frac{7}{2}$); F (−3|−2); G(−2|−3)

b) Alle Punkte aus a), allerdings mit verdoppelter y-Koordinate. Beispiel: A'(0|2)

1.3 Forme diese Gleichungen so um, dass eine mathematische Funktion entsteht und gib diese in der Form y=... an. Handelt es sich um eine quadratische Funktion?

a) $\frac{2y-2x}{x}=4x$ b) $(x-2)^2=(x+3)^2-y$ c) $(x-3)\cdot(x+y)=x$ d) $a\cdot(x+y)=b$

1.4 In einer Aufgabe, die ein Lehrer stellt, hat er drei Möglichkeiten, dir Hinweise auf eine Funktion zu geben.

1. Den Funktionsterm bzw. die Funktionsgleichung f(x)= ...
2. Eine Wertetabelle bzw. den Hinweis auf einzelne Punkte/Wertepaare des Grafen
3. Ein Schaubild des Grafen

Welche Methoden kennst du, um aus einem dieser Dinge im Aufgabenteil „Gegeben:" die jeweils anderen beiden zu ermitteln?

Lösungen

Aufgabe 1.1

Da manche vielleicht die Frage gar nicht verstehen, ist es sinnvoll, sich ein Beispiel zu überlegen. Bei der Funktion $f(x)=x^2$ gibt es z.B. das Wertepaar x=2 und y=4, aber auch das Wertepaar x=−2 und y=4. Zum x-Wert 2 gehört also eindeutig der y-Wert 4. Aber zum y-Wert 4 gehört der x-Wert 2 UND der x-Wert −2. Die Begründung dafür liegt im Verfahren, wie man aus den x-Werten mit Funktionen den y-Wert bestimmt.

Die Funktion ist eine klare mathematische Vorschrift, wie mit dem x-Wert umgegangen werden soll, damit sein zugehöriger y-Wert entsteht. Das y geht also EINDEUTIG aus dem x hervor. Stell dir einmal vor, jemand möchte alle Punkte eines Grafen in einer Wertetabelle erfassen. Dann würde er gedanklich von links nach rechts über den Grafen wandern. Mit jedem Schritt zum benachbarten[32] Punkt geht er notwendigerweise etwas weiter nach rechts in Richtung größerer x-Werte. Da die Bewegung in y-Richtung nach oben, nach unten oder waagerecht verlaufen kann, ist es möglich, dass mehrere y-Koordinaten im Laufe dieser „Wanderung" erreicht werden. Auch wenn dies nur ein Gedankenexperiment ist, so ist doch Folgendes klar: Jeder x-Wert, dessen y-Wert einmal abgefragt bzw. berechnet wurde, wird nicht noch einmal abgefragt.

Ähnlich dazu könnte man sich vorstellen, dass z.B. die Schüler einer Klasse (die x-Werte) den Namen ihrer Mutter (das y) angeben sollten: jeder Schüler würde einen eindeutigen Namen nennen. Umgekehrt ist es aber nicht unbedingt so. Werden die Mütter nach dem Namen ihres Kindes gefragt, so könnte es sein, dass manche Mutter mehrere Namen nennt. Diese Zuordnung in die umgekehrte Richtung ist also nicht eindeutig.

Aufgabe 1.2

a) Achte besonders darauf, dass du x- und y- Werte nicht verwechselst. Punkt E sollte als erstes in Dezimalzahlen umgerechnet werden. E(2,5|3,5).

b) Zunächst sind die Koordinaten neu zu bestimmen. A'(0|2); B'(0,5|2); C'(1|4); D'(2|6); E'(2,5|7); F'(−3|−4); G'(−2|−6)

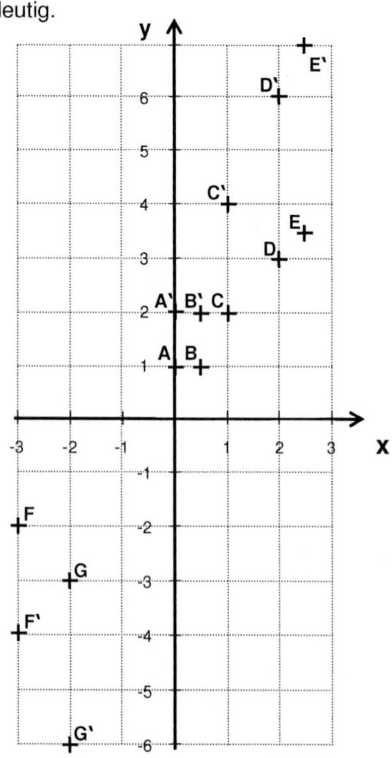

Bitte nimm dir etwas Zeit, um zu studieren, wie sich die Verdopplung des y-Wertes bei den gestrichenen Punkten von b) auswirkt. Sie liegen doppelt so weit von der x-Achse entfernt. Es wirkt, als ob jemand das Koordinatensystem in y-Richtung auseinandergezogen hätte. Später wirst du dieses Phänomen als „Streckfaktor" kennenlernen.

[32] Streng genommen liegen zwischen zwei benachbarten Punkten immer noch unendlich viele andere Punkte. Aber das soll hier einmal vernachlässigt werden.

Aufgabe 1.3

a)
$$\frac{2y-2x}{x} = 4x \quad | \cdot x^{①} \qquad x \neq 0^{②}$$
$$2y - 2x = 4x^2 \quad | +2x \quad | :2$$
$$y = 2x^2 + x$$

Quadratische Funktion

c)
$$(x-3)\cdot(x+y) = x$$
$$x^2 + xy - 3x - 3y = x \qquad | -x^2 \quad | +3x$$
$$xy \overset{④}{-} 3y = -x^2 + 4x$$
$$y\cdot(x-3) = -x^2 + 4x \quad | :(x-3) \quad \overset{②}{x \neq 3}$$
$$y = \frac{x^2+4x}{x-3}$$

Gebrochenrationale Funktion

b)
$$(x-2)^2 = (x+3)^2 - y$$
$$x^2 - 4x + 4 = x^2 + 6x + 9 - y \quad | -x^2 \quad | +4x \overset{③}{|} -4 \quad | +y$$
$$y = 10x + 5$$

Lineare Funktion

d)
$$a\cdot(x+y) = b \qquad | :a \qquad \overset{②}{a \neq 0}$$
$$x + y = \tfrac{b}{a} \qquad | -x$$
$$y = -x + \tfrac{b}{a}$$

Lineare Funktion

Diese Aufgabe sollte zumindest in Teilen eine Wiederholung von eigentlich bekannten Dingen sein, die es sich aber immer wieder zu Üben lohnt. Hier noch einige wichtige Hinweise zu den Nummern:

① Steht x im Nenner eines Bruches, dann muss fast immer die ganze Zeile mit diesem Nenner durchmultipliziert werden.

② Bei einer Division mit einem Ausdruck, in dem eine Variable enthalten ist, ist unbedingt auszuschließen, dass man unbemerkt durch Null teilt; daher die Zusatzbemerkung.

③ Auch wenn ich hier aus Platzgründen viele Schritte gleichzeitig zeige, empfehle ich vor allen den Ungeübteren, für jeden Rechenschritt eine neue Zeile zu schreiben[33].

④ Fast immer ist es am einfachsten, die Klammerausdrücke auszumultiplizieren, bevor man mit ihnen weiter rechnet. Wenn allerdings die Variable, die auf einer Seite isoliert werden soll, noch an mehreren Stellen steht, dann muss unter Umständen sogar eingeklammert werden.

Beachte, dass bei 2d) die Unbekannten a und b im Grunde wie Zahlen behandelt werden müssen. Im Abitur treten relativ häufig solche sogenannten „Parametern“ in Gleichungen auf.

[33] Papier ist zwar wertvoll und sollte gespart werden, aber erreichbare Punkte in der Arbeit zu verschusseln ist keine Alternative. Wer an der richtigen Stelle sparen möchte, dem empfehle ich zum Üben die Rückseiten irgendwelcher alter Dokumente zu nehmen, die nicht mehr benötigt werden. Fast überall, wo ein Fotokopierer steht, entstehen regelmäßig solche Fehldrucke. Weiternutzen ist auf jeden Fall noch umweltfreundlicher als Wegschmeißen zum Recycling.

Aufgabe 1.4

Ich habe diese Frage hier aufgenommen, um dich einfach mal zum Nachdenken über das Thema insgesamt anzuregen. Manche Schüler sitzen immer wieder in der Arbeit hilflos da und wissen gar nicht, was denn jetzt von Ihnen verlangt wird. Zugegeben, manche Lehrer drücken sich da auch nicht immer gerade klar aus. Manchmal erlebe ich in der Nachhilfe Dinge, die mich eher an ein altes Ehepaar als an einen seriösen Unterricht erinnern. ER hustet, und möchte damit andeuten, dass SIE das Fenster schließen soll...
In solchen Situationen hilft es dir als Schüler, wenn du in der Lage bist abzuschätzen, was denn überhaupt gefragt sein KANN. Und beim klassischen Umgang mit Funktionen, Wertetabellen und Grafen sind das nun einmal die jeweils fehlenden beiden Teile. Und so könnte der Lehrer die Aufgabe gemeint haben:

1. Funktion gegeben → Wertetabelle berechnen → Graf zeichnen
Dieser Fall wurde in Kapitel 2 und 3 immer wieder dargestellt.

2. Wertetabelle gegeben. Dann kann natürlich ein Schaubild des Grafen und der Funktionsterm gefragt sein. Das Schaubild solltest du noch hinbekommen, vorausgesetzt, es sind ausreichend viele Punkte gegeben. Dabei ist es übrigens immer sinnvoll, sich mit einem Blick auf die Tabelle zu überlegen, welchen Zahlenbereich die beiden Achsen abdecken sollen, also nach dem größten und kleinsten Wert zu schauen.

Den Funktionsterm kann man dann nur auf zwei Arten bestimmen. Entweder du hast inzwischen so viel Wissen über mathematische Funktionen, dass du anhand der Grafik und der markanten Punkte im Schaubild (wie Scheitelpunkt und Achsenabschnitte) auf den Funktionsterm kommst. Dieses Wissen findest du kurz zusammengefasst in Kapitel 4.12 auf Seite 58. Oder du greifst die Wertepaare aus der Tabelle gezielt für die Punktproben im Rahmen einer Steckbriefaufgabe auf. Ein Beispiel dazu findest du in Abschnitt 5 auf Seite 67.

3. Schaubild gegeben. Jetzt gehst du den üblichen Weg rückwärts. Zunächst musst du so genau wie möglich bestimmte Punkte mit ihrer x- und y-Koordinate herauslesen und diese in eine Wertetabelle eintragen. Hilfreich, wenn auch für Steckbriefaufgaben nicht unbedingt erforderlich, ist es, wenn die markanten Punkte (y-Abschnitt, Nullstellen, Scheitel) klar erkennbar sind. Dann geht es weiter zur Bestimmung des Funktionsterms wie soeben bei 2 beschrieben. Wer sehr geübt ist bzw. das in 3.8. (S.32) Gesagte sehr gut verinnerlicht hat, kann oft auch direkt anhand des Schaubildes auf den Funktionsterm in der SPF schließen.

Aufgabe 2 – Die Normalparabel und ihre Verschiebung in y-Richtung

2.1 Erstelle für die Funktion $f(x)=x^2+2$ ein Schaubild des Grafen, bei dem die wesentlichen Eigenschaften der Funktion erkennbar sind.

2.2 Beschreibe die Eigenschaften des Grafen aus Aufgabe 2.1 mit den hier genannten mathematischen Begriffen!

Falls du bis Kapitel 2 gelesen hast:

a) Wertebereich, b) Lage und Art des Scheitelpunktes, c) Symmetrieverhalten,
d) Monotonieverhalten inklusive Öffnungsrichtung und Verhalten an den Rändern des Definitionsbereiches.

Zusätzliche Angaben, falls du schon bis Kapitel 5 gelesen hast:

e) y-Abschnitt, f) Lage der Nullstellen

2.3 Definiere allgemein diese Begriffe:
Stelle, Punkt, Scheitel, Funktionswert, Definitionsbereich, Wertebereich.

Lösungen

Aufgabe 2.1

Die „wesentlichen Eigenschaften" einer Funktion werden die meisten Lehrer als dargestellt erachten, wenn der Scheitelpunkt und die Lage der beiden Koordinatenachsen zu ihm im Schaubild erkennbar ist. Da man diese am Anfang nicht kennt, muss man sich manchmal die ersten Wertepaare aus der Tabelle ansehen, um zu beurteilen, ob man noch weitere davon berechnen muss und bei welchen x-Werten diese gegebenenfalls noch fehlen. In den meisten Fällen reicht es aber für den Schulalltag aus, eine Wertetabelle von $x=-5$ bis $x=5$ mit einer Schrittweite von 1 zu erstellen und das Koordinatenkreuz so zu zeichnen, dass y-Werte von -10 bis $+10$ abgebildet werden können.

Im Vorteil ist hier natürlich jemand, der bereits in der Wertetabelle oder im Funktionsterm erkennt, dass nur positive y-Werte vorliegen. Dann braucht man alles unterhalb der x-Achse gar nicht darzustellen. Und wer schließlich die Kapitel 2 und 3.1 vollständig verstanden hat, der sollte erkennen, dass es sich bei der Funktion $f(x)=x^2+2$ um eine um 2 Einheiten nach oben verschobene Normalparabel handelt. Im Idealfall hättest du die Zeichnung dann sogar ganz ohne Wertetabelle erstellen können.

x	−3	−2,5	−2	−1,5	−1	−0,5	0	0,5	1	1,5	2	2,5	3
f(x)	11	8,25	7	4,25	3	2,5	2	2,5	3	4,25	7	8,25	11

Und so sieht die Funktion f aus.

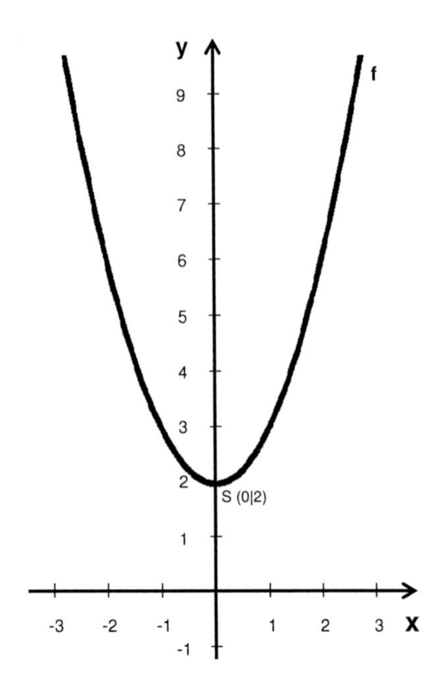

Aufgabe 2.2

a) Wertebereich: $y \geq 2$

b) Scheitel ist ein Tiefpunkt (Minimum): S(0|2)

c) f ist symmetrisch zur y-Achse.

d) f ist streng monoton fallend[34] im Intervall $-\infty < x < 0$ bzw. monoton fallend im Intervall $-\infty < x \leq 0$.

f ist streng monoton wachsend/steigend im Intervall $0 < x < \infty$ bzw. monoton wachsend im Intervall $0 \leq x < \infty$.

f ist eine nach oben geöffnete Parabel.

f geht gegen $+\infty$, wenn x gegen $-\infty$ geht.

f geht gegen $+\infty$, wenn x gegen $+\infty$ geht.

e) Der y-Abschnitt ist y=2.

f) f hat keine Nullstellen (Punkte auf der x-Achse)! Mehr zu diesem Sonderthema erfährst du in Abschnitt 5.1 auf Seite 60.

Weitere Erklärungen zu diesen Fachbegriffen, mit denen man Funktionen mathematisch beschreibt, findest du bei den 4 Punkten auf Seite 12 unten und im Glossar ab Seite 91.

Aufgabe 2.3

Siehe Glossar ab Seite 91.

Falls du allgemein Probleme mit den Fachbegriffen hast, dann empfehle ich, den gesamten Abschnitt 2 noch einmal zu lesen. Spätestens im Abitur kann es sonst passieren, dass du schon die Aufgabenstellung gar nicht richtig verstehst.

[34] Mehr zu den Begriffen (streng) monoton wachsend/fallend findest du im Glossar auf Seite 91.

Aufgabe 3 – Streckung, Stauchung, Spiegelung. Die Scheitelpunktform.

3.1 Skizziere den Grafen der folgenden Funktionen im Intervall [−3; 4]. Überlege dir zunächst die Lage des Scheitelpunktes. Versuche dann, den Rest der Parabel zu skizzieren, und zwar anhand des Streckfaktors oder mithilfe der Berechnung eines einzigen zusätzlichen Punktes, der Auskunft über die Streckung der Parabel gibt. Auf die vollständige Wertetabelle soll hier verzichtet werden!

$a(x) = 2x^2 - 4$ $\quad$ $b(x) = \frac{1}{2}x^2 - 2$ $\quad$ $c(x) = -x^2 + 1$

$d(x) = (x+1)^2 + 1$ $\quad$ $e(x) = -(x+1)^2 + 4$ $\quad$ $f(x) = \frac{1}{2}(x-2)^2$

3.2 Beschreibe mit mathematischen Fachbegriffen die Eigenschaften der Funktion h. Gehe dabei ein auf Dinge wie Scheitelpunkt, Definitionsbereich, Wertebereich, Streckfaktor, Öffnungsrichtung und das Verhalten im Unendlichen. Verläuft der Graf durch alle 4 Quadranten? $h(x) = -\frac{13}{14}(x+21)^2 - 13$

3.3 Eine quadratische Parabel hat ihren Scheitelpunkt bei (3|0) und schneidet die y-Achse bei −4,5. Wie lautet ihre Funktionsgleichung in Scheitelpunktform?

3.4 Gib die Scheitelpunktform der abgebildeten Funktionen u, v und w an! Lies zunächst die Koordinaten des Scheitelpunktes x_0 und y_0 aus der Abbildung heraus und überlege dir dann, ob der Streckfaktor a negativ oder positiv ist und ob er kleiner oder größer als 1 ist (Stauchung oder Streckung). Tipp: Streckfaktor a=2 bedeutet z.B., dass man vom Scheitel 2 Schritte nach rechts und 8 (das DOPPELTE von 4) Schritte nach oben „wandern“ muss, um wieder auf dem Grafen zu stehen.

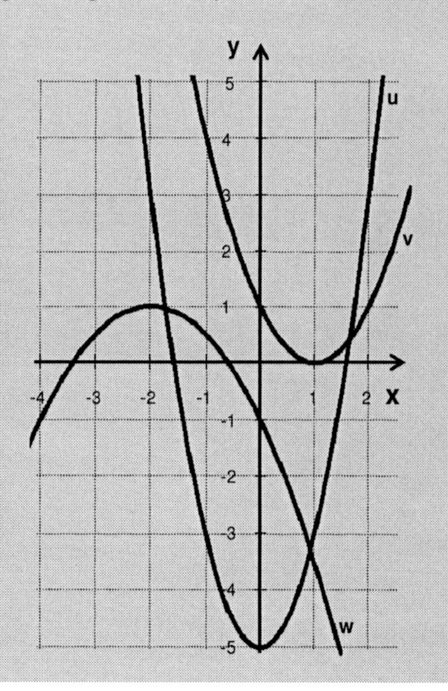

Lösung

Aufgabe 3.1

Bei dieser Aufgabe geht es nicht um absolute Präzision, sondern darum, die Merkmale des Funktionsterms richtig zu erkennen und zumindest einigermaßen realistisch zeichnerisch wiederzugeben. Wenigstens den Scheitelpunkt solltest du bei jeder Funktion richtig erkannt und eingezeichnet haben. Vergleiche dies bitte zuerst. Die Scheitelpunkte liegen bei $S_a(0|-4)$; $S_b(0|-2)$; $S_c(0|1)$; $S_d(-1|1)$; $S_e(-1|4)$; $S_f(2|0)$.

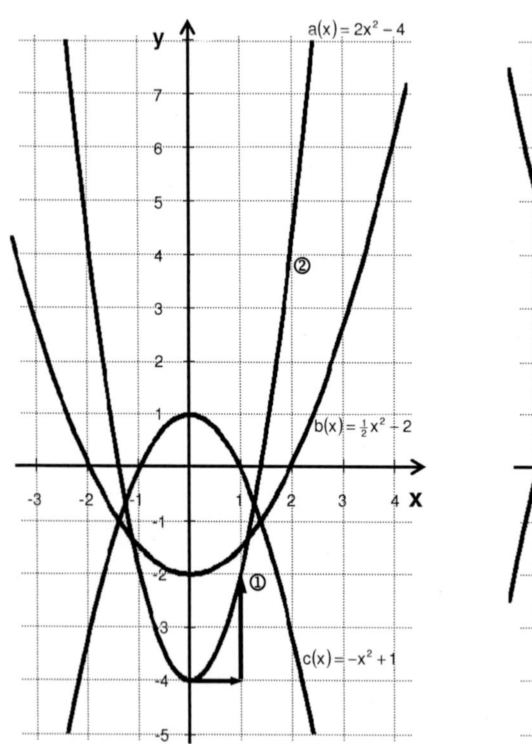

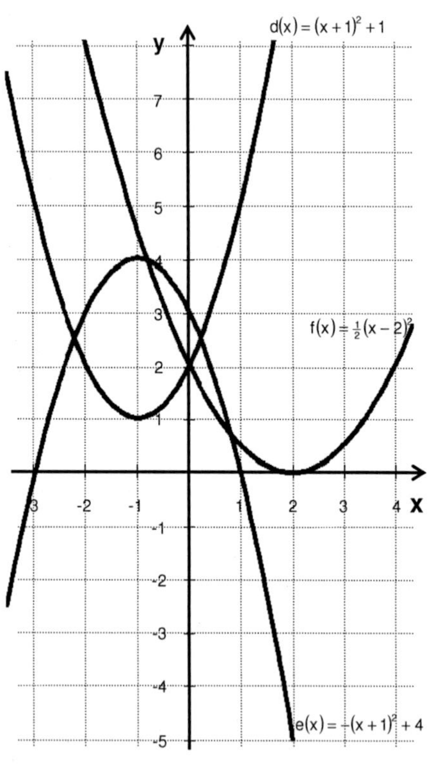

Das Verfahren, wie man anhand des Streckfaktors die Parabel auf dem Scheitelpunkt zeichnerisch entwickelt, habe ich unter 3.8 (Seite 32) ausführlich beschrieben. Zum Beispiel liegt bei Funktion a(x) der rechts „benachbarte Punkt" eine Längeneinheit nach rechts und ZWEI (nämlich DOPPELT so viel wie bei der Normalparabel, da a=2) Längeneinheiten nach oben vom Scheitelpunkt (siehe Markierung ①). Der nächste Punkt liegt dann zwei Schritte nach rechts und acht $(2 \cdot 4)$ Schritte nach oben vom Scheitelpunkt, bei ②. Die Parabeln von c und e sind wegen dem Streckfaktor a=−1 nach unten geöffnet.

Aufgabe 3.2

Der Graf von h ist eine quadratische Parabel. Der Scheitelpunkt liegt im III. Quadranten bei S(−21|−13). Die Parabel ist wegen dem negativen Streckfaktor $a=-\frac{13}{14}$ nach unten geöffnet, dabei ist sie ein wenig gestaucht. Der Definitionsbereich ist, da alle x-Werte eingesetzt werden können, der gesamte reelle Zahlenbereich. Der Wertebereich reicht von negativ Unendlich bis einschließlich −13. Für x-Werte, die gegen negativ oder positiv Unendlich streben, gehen die Funktionswerte gegen negativ Unendlich. Das bedeutet, vom Scheitelpunkt aus gesehen, der 13 Einheiten unterhalb der x-Achse liegt, „taucht" sie beidseitig in die „Tiefen" des III. und IV. Quadranten ab. Im I. und II. Quadranten hat sie keine Punkte.

Aufgabe 3.3

Dieser Aufgabentyp ist auch unter dem Namen Steckbrief- oder Rekonstruktionsaufgabe bekannt. Die gesuchte Funktion muss vom Schema $f(x)=a\cdot(x-x_0)^2+y_0$ sein, wobei die Unbekannten a, x_0 und y_0 mit konkreten Werten zu bestimmen sind. Ich gebe zu, dass a nicht ganz einfach zu bestimmen ist, aber zumindest x_0 und y_0 hättest du erkennen müssen.

Zwischenergebnis nach Auswertung vom Scheitelpunkt-Hinweis: $f(x)=a\cdot(x-3)^2+0$

Den Streckfaktor a kann man sich auf zwei Arten überlegen:

1) Da der gegebene Punkt (0|−4,5) genau drei Längeneinheiten LINKS vom Scheitel liegt, kann man sich fragen, wo sich denn dieser y-Abschnitt befinden müsste, wenn der Streckfaktor a=1 wäre, also im Falle einer auf den Scheitelpunkt S(3|0) verschobenen NORMALparabel. Drei Schritte nach links bedeutet bei der Normalparabel, dass man 9 Schritte nach OBEN wandern muss ($3^2=9$). Nun sind wir aber offensichtlich die Hälfte davon, also 4,5 Schritte gewandert, und zwar nach UNTEN. Also ist $a=-\frac{1}{2}$. (Vergleiche dazu 3.8, Seite 32)

2) Einsetzen der Koordinaten des y-Abschnittes in einer Punktprobe:

$$f(0)=-4{,}5 \quad\rightarrow\quad -4{,}5=a\cdot(0-3)^2+0 \quad |:9$$
$$-\tfrac{1}{2}=a \quad\rightarrow\quad f(x)=-\tfrac{1}{2}\cdot(x-3)^2$$

Aufgabe 3.4

Scheitelpunkte liegen bei $S_u(0|-5)$; $S_v(1|0)$; $S_w(-2|1)$. Streckfaktoren: u(x) verläuft durch P(1|−3), steigt also „doppelt so schnell" wie die Normalparabel → a=2. v(x) geht durch P(2|1), steigt also „genauso schnell" wie die Normalparabel → a=1. w(x) geht durch P(0|−1), deshalb negativer Streckfaktor. Wäre a=−1, dann müsste sie durch P(0|−3) gehen, das liegt 4 Schritte tiefer als der Scheitel, sie „sinkt" aber nur „halb so schnell", daher ist $a=-\frac{1}{2}$.

$$\rightarrow\quad u(x)=2\cdot x^2-5 \qquad v(x)=(x-1)^2 \qquad w(x)=-\tfrac{1}{2}(x+2)^2+1$$

Aufgabe 4 – Die drei Formen. Grafische Eigenschaften und Nullstellenprobleme

4.1 Bestimme die Nullstellen der gegebenen Funktionen mit einem geeigneten Verfahren.

$a(x) = (x-2)^2 - 1$ | $d(x) = 4x^2 - 12x + 8$ | $g(x) = 8x^2 - 48x + 22$

$b(x) = (x-1)(x+5)$ | $e(x) = -x^2 - 6x - 8$ | $h(x) = -\frac{1}{3}x^2 - \frac{20}{3}x - \frac{91}{3}$

$c(x) = 4x^2 + 32x + 60$ | $f(x) = \frac{1}{3}x^2 + \frac{2}{3}x - \frac{8}{3}$ | $i(x) = 0{,}25 \cdot x^2 + 1{,}5 \cdot x + 1{,}25$

4.2 Wandle jede der 9 Funktionen von 4.1 in die beiden anderen Formen um, so dass am Ende von jeder Funktion die SPF, NF und NSF vorhanden ist.

4.3 Die folgenden Funktionsterme links entsprechen dem Grafen g, h oder i rechts.

Setze den Buchstaben des richtigen Grafen in das Kästchen, indem du möglichst viele markante Eigenschaften des Funktionsterms grafisch deutest.

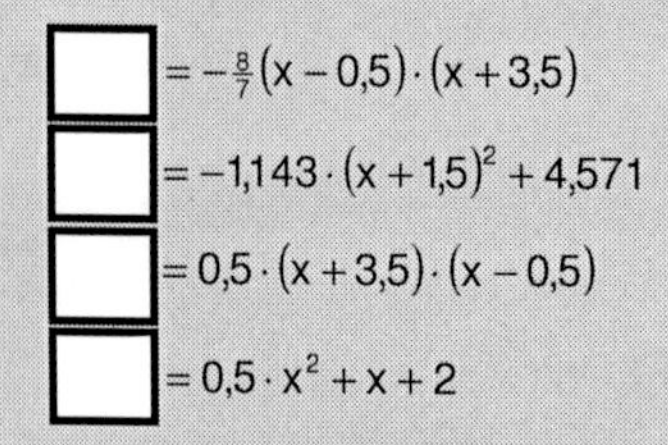

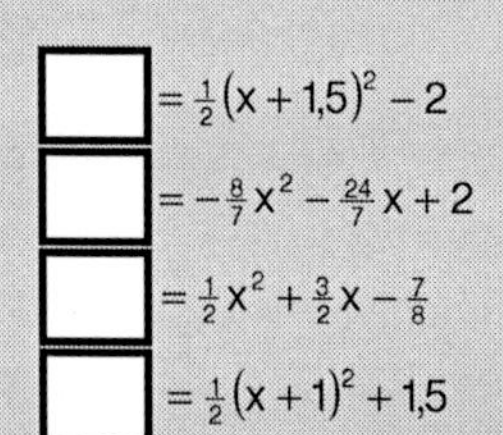

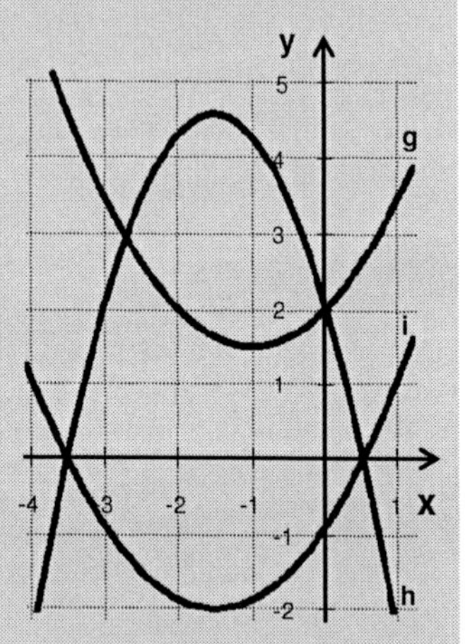

4.4 a) Ein geworfener Ball legt näherungsweise die parabelförmige Wurfbahn $f(x) = -0{,}1 \cdot x^2 + 0{,}6x + 1{,}6$ zurück, wobei x die waagerechte Entfernung zum Werfer und y die Höhe des Balls für jeden Punkt der Wurfbahn angibt. Bestimme, wie hoch der Ball an seiner höchsten Stelle kommt und in welcher Entfernung von der Abwurfstelle er wieder zu Boden fällt.

b) Wie lautet die Funktion für einen parabelförmigen Wasserstrahl, der im Punkt (0|0) startet und bei S(1,5m|1,5m) seinen höchsten Punkt erreicht?

Lösungen

Aufgabe 4.1

Alle Funktionen sind in einer der drei Standard-Formen NF, SPF oder NSF gegeben. Das Verfahren zum Auffinden der Nullstellen hängt natürlich von der Form ab. Bei der NSF kann man die Nullstellen direkt herauslesen, bei der NF nutzt man die pq-Formel, abc-Formel oder die quadratische Ergänzung. Und bei der SPF stellt man die Gleichung nach x um. Hier nur kurz Ansatz und möglicher Lösungsweg. Zur ausführlichen Anleitung siehe Abschnitt 4, S.36.

$a(x)=(x-2)^2-1=0 \quad | +1 \; | \sqrt{\ldots} \; | +2 \quad \rightarrow \quad x_1=3 \; ; \; x_2=1$ Vgl. 4.5 S.40

$b(x)=(x-1)(x+5)=0 \quad \rightarrow \quad x_1=1 \; ; \; x_2=-5$ Vgl. 4.6 S.42

$c(x)=4x^2+32x+60=0 \; | :4 \quad \rightarrow p=8; \; q=15 \quad \rightarrow \quad x_1=-3 \; ; \; x_2=-5$ Vgl. 4.10 S.54

$d(x)=4x^2-12x+8=0 \quad | :4 \quad \rightarrow p=-3; \; q=2 \quad \rightarrow \quad x_1=2 \; ; \; x_2=1$

$e(x)=-x^2-6x-8=0 \quad | \cdot(-1) \quad \rightarrow p=6; \; q=8 \quad \rightarrow \quad x_1=-2 \; ; \; x_2=-4$

$f(x)=\frac{1}{3}x^2+\frac{2}{3}x-\frac{8}{3}=0 \quad | \cdot 3 \quad \rightarrow p=2; \; q=-8 \quad \rightarrow \quad x_1=2 \; ; \; x_2=-4$

$g(x)=8x^2-48x+22=0 \; | :8 \quad \rightarrow p=-6; \; q=\frac{11}{4} \quad \rightarrow \quad x_1=\frac{11}{2}=5{,}5 \; ; \; x_2=\frac{1}{2}=0{,}5$

$h(x)=-\frac{1}{3}x^2-\frac{20}{3}x-\frac{91}{3}=0 \; | \cdot(-3) \quad \rightarrow p=20; \; q=91 \quad \rightarrow \quad x_1=-7 \; ; \; x_2=-13$

$i(x)=0{,}25x^2+1{,}5x+1{,}25=0 \; | :0{,}25 \quad \rightarrow p=6; \; q=5 \quad \rightarrow \quad x_1=-1 \; ; \; x_2=-5$

Aufgabe 4.2

Hier siehst du die vollständige Auflistung aller Funktionen in SPF, NF und NSF.

SPF	NF	NSF
$a(x)=(x-2)^2-1$	$a(x)=x^2-4x+3$	$a(x)=(x-3)\cdot(x-1)$
$b(x)=(x+2)^2-9$	$b(x)=x^2+4x-5$	$b(x)=(x-1)(x+5)$
$c(x)=4\cdot(x+4)^2-4$	$c(x)=4x^2+32x+60$	$c(x)=4\cdot(x+3)(x+5)$
$d(x)=4\cdot(x-\frac{3}{2})^2-1$	$d(x)=4x^2-12x+8$	$d(x)=4\cdot(x-1)\cdot(x-2)$
$e(x)=-(x+3)^2+1$	$e(x)=-x^2-6x-8$	$e(x)=-(x+2)(x+4)$
$f(x)=\frac{1}{3}(x+1)^2-3$	$f(x)=\frac{1}{3}x^2+\frac{2}{3}x-\frac{8}{3}$	$f(x)=\frac{1}{3}(x+4)\cdot(x-2)$
$g(x)=8\cdot(x-3)^2-50$	$g(x)=8x^2-48x+22$	$g(x)=8\cdot(x-0{,}5)\cdot(x-5{,}5)$
$h(x)=-\frac{1}{3}(x+10)^2+3$	$h(x)=-\frac{1}{3}x^2-\frac{20}{3}x-\frac{91}{3}$	$h(x)=-\frac{1}{3}(x+7)(x+13)$
$i(x)=0{,}25\cdot(x+3)^2-1$	$i(x)=0{,}25\cdot x^2+1{,}5\cdot x+1{,}25$	$i(x)=0{,}25\cdot(x+1)(x+5)$

Da die quadratische Ergänzung zum Finden der SPF erfahrungsgemäß die meisten Probleme macht, zeige ich hier noch einmal den Weg NF→SPF für die Funktion e und h.

$$e(x) = -x^2 - 6x - 8 = -\left[x^2 + 6x + 8\right] = -\left[(x+3)^2 - 9 + 8\right] = -\left[(x+3)^2 - 1\right] = -(x+3)^2 + 1$$

$$h(x) = -\tfrac{1}{3}x^2 - \tfrac{20}{3}x - \tfrac{91}{3} = -\tfrac{1}{3}\left[x^2 + 20x + 91\right] = -\tfrac{1}{3}\left[(x+10)^2 - 100 + 91\right]$$
$$= -\tfrac{1}{3}\left[(x+10)^2 - 9\right] = -\tfrac{1}{3}(x+10)^2 + 3$$

Aufgabe 4.3

Wenn du inzwischen so weit im Verständnis des Funktionsterms bist, wie ich hoffe, dann sollte diese Aufgabe ein Kinderspiel für dich gewesen sein. Natürlich sollte es nicht zu einfach werden, darum habe ich auch Brüche und Kommazahlen eingebaut. Der Bruch $\frac{8}{7}$, ist – und auch das ist nicht ganz schlecht zu wissen – ein Bruch, der knapp größer als 1 ist, weil der Zähler des Bruches geringfügig größer ist als der Nenner. Der Streckfaktor $a = -\frac{8}{7}$ verweist also auf eine nach unten geöffnete Parabel, die in ihrer Streckung ziemlich genau der Normalparabel entspricht. Damit ist schon einmal klar, dass alle Funktionsterme, wo dieser negative Streckfaktor auftritt (und dieser steht bei allen Formen ganz links, man kann also nicht viel falsch machen), der nach unten geöffneten Parabel h entsprechen müssen.

Bei den übrigen Termen ist es natürlich wichtig, dass du dich erst einmal fragst, welche der drei Formen vorliegt, damit klar ist, ob du die Koordinaten des Scheitelpunktes, der Nullstellen oder des y-Abschnittes aus dem Term herauslesen kannst. Jede Form bietet ja immer nur eine bestimmte Auswahl von diesen Informationen. Falls dir diese Aufgabe schwer fiel, dann solltest du unbedingt noch einmal genau die Übersichten von 4.12. (Seite 58) studieren.

$h(x) = -\frac{8}{7}(x-0{,}5)\cdot(x+3{,}5)$	NSF	$i(x) = \frac{1}{2}(x+1{,}5)^2 - 2$	SPF
$h(x) = -1{,}143\cdot(x+1{,}5)^2 + 4{,}571$	SPF	$h(x) = -\frac{8}{7}x^2 - \frac{24}{7}x + 2$	NF
$i(x) = 0{,}5\cdot(x+3{,}5)\cdot(x-0{,}5)$	NSF	$i(x) = \frac{1}{2}x^2 + \frac{3}{2}x - \frac{7}{8}$	NF
$g(x) = 0{,}5\cdot x^2 + x + 2$	NF	$g(x) = \frac{1}{2}(x+1)^2 + 1{,}5$	SPF

Aufgabe 4.4

Was haben diese Aufgaben mit dem Thema der drei Formen NF, SPF und NSF zu tun? Ganz einfach. Zur Beschreibung von vielen reellen Vorgängen benutzt man in Technik und Wissenschaft gerne Koordinatensysteme. Und je nachdem, wo man den Ursprung des Koordinatenkreuzes hinlegt und mit welchem Längenmaßstab man arbeitet, haben Nullstelle, y-Abschnitt und Scheitelpunkt bestimmte konkrete Bedeutungen. Die folgenden Skizzen waren nicht in der Aufgabe gefordert, sie helfen mir aber, Aufgabe und Lösung zu erklären.

a) Rechts siehst du den Verlauf der Funktion f bzw. die Gestalt der Wurfbahn. Dabei entspricht 1 Einheit in der Skizze 1m in der Realität. Die gestrichelten Teile des Grafen sind die Teile, die sich zwar mühelos noch mit dem mathematischen Modell f(x) bestimmen lassen, aber in der Realität keine Rolle mehr spielen.

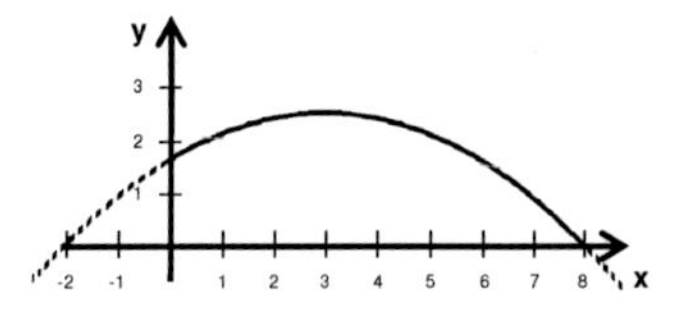

Denn auch das ist wichtig und dringt leider allzu oft im Unterricht nicht bis zu den Schülern durch: Jedes physikalische Modell ist nur in bestimmten Grenzen und unter bestimmten Voraussetzungen gültig. In diesem Modell liegt der Erdboden auf der Höhe der x-Achse bei y=0. Der Werfer steht im Ursprung. Er wirft den Ball übrigens, wie man hier am y-Abschnitt gut erkennt, aus 1,60m Höhe ab. Damit komme ich zur eigentlichen Beantwortung der Frage.

Die höchste Stelle einer Flugbahn von der Form einer quadratischen Parabel ist natürlich ihr Scheitelpunkt. Die Frage nach „der Höhe des Wurfes“ ist also die Frage nach der y-Koordinate des Scheitelpunktes. Da in diesem Buch noch keine anderen Methoden zur Bestimmung von Hoch- und Tiefpunkten genannt wurden, hättest du hier also die SPF bilden müssen.

$$f(x) = -0{,}1 \cdot x^2 + 0{,}6x + 1{,}6 = -0{,}1 \cdot \left[x^2 - 6x - 16\right] = -0{,}1 \cdot \left[(x-3)^2 - 9 - 16\right] = -0{,}1 \cdot \left[(x-3)^2 - 25\right]$$

$$= -0{,}1 \cdot (x-3)^2 + 2{,}5 \qquad \rightarrow \quad y_0 = 2{,}5$$

Die höchste Stelle der Wurfbahn ist also 2,50m hoch. Damit zu Frage 2: An der Stelle, wo der Ball den Boden trifft, ist die Wurfbahn zu Ende. Da wir die x-Werte beim Werfer mit Null anfangen zu zählen, können wir direkt an der x-Koordinate des Auftreffpunktes die Wurfweite ablesen. Es ist also letztlich die Frage nach der Nullstelle (der rechten von beiden!) der Funktion f. Hierzu braucht man natürlich nicht die vollständige NSF nach allen Regeln der Kunst zu bestimmen, sondern errechnet die Nullstellen x_1 und x_2 anhand der SPF oder NF.

$$f(x) = -0{,}1 \cdot x^2 + 0{,}6x + 1{,}6 = 0 \qquad | :(-0{,}1)$$

$$x^2 - 6x - 16 = 0 \qquad \rightarrow \; p = -6;\; q = -16$$

$$x_{1,2} = -\frac{-6}{2} \pm \sqrt{\left(\frac{-6}{2}\right)^2 - (-16)}$$

$$= 3 \pm 5$$

$$\rightarrow \quad x_1 = 8 \quad ; \quad x_2 = -2$$

Nur die größere der beiden Lösungen zählt. Die Wurfweite beträgt also 8m.

b) Es handelt sich wieder um eine Rekonstruktions- bzw. Steckbriefaufgabe[35]. Von der gesuchten Funktion sind der Scheitelpunkt S(1,5m|1,5m) und eine von zwei Nullstellen gegeben. Das allgemeine Schema der Funktion kann hier im Prinzip mit allen drei Formen angesetzt werden[36], ich zeige hier aber nur den einfachsten Weg über die SPF.

Allgemeines Funktionsschema: $f(x) = a \cdot (x - x_0)^2 + y_0$

Zwischenergebnis nach Auswertung des Scheitelpunktes: $f(x) = a \cdot (x - 1{,}5)^2 + 1{,}5$

Dann Punktprobe mit dem x,y-Wertepaar (0|0):

$$f(0) = 0 = a \cdot (0 - 1{,}5)^2 + 1{,}5 \quad | -1{,}5$$
$$-1{,}5 = 2{,}25 \cdot a \quad | :2{,}25$$
$$a = -\tfrac{2}{3} \approx -0{,}667$$

Die vollständige Scheitelpunktform der gesuchten „Wasserstrahl-Funktion" lautet:

$f(x) = -\tfrac{2}{3} \cdot (x - 1{,}5)^2 + 1{,}5$

Da von der Aufgabe nicht klar gefordert wurde, in welcher Form das Ergebnis anzugeben ist, liefere ich hier der Vollständigkeit halber noch die beiden anderen Formen, die man wie gesagt nicht so einfach herausgefunden hätte.

$f(x) = -\tfrac{2}{3} x \cdot (x - 3)$ NSF

$f(x) = -\tfrac{2}{3} x^2 + 2x$ NF

[35] Vergleiche Beispiel 3, Seite 30.

[36] Beim Ansatz mit der Normalform sind allerdings Kenntnisse der Differenzialrechnung notwendig, da man die Eigenschaft des Scheitelpunktes, waagerechte Steigung zu haben, nur mit der 1. Ableitung von f in einer Gleichung dargestellt bekommt. Und beim Ansatz mit der Nullstellenform muss die zweite Nullstelle zunächst herausgefunden werden, und das geht nur über Symmetrie-Argumentationen zum Scheitelpunkt, für die manche Lehrer einen Beweis sehen möchten – vergleiche meine Ausführungen zu 4.11, Methode B, Seite 57.

Aufgabe 5 – Aufgaben zu Sonderfällen (z.T. Leistungskurs-Niveau)

5.1 Bestimme die Nullstellen der jeweiligen Funktion auf möglichst einfache Art.

$a(x) = x^2$ $\quad d(x) = 5x^2 - 15$ $\quad g(x) = x^2 - 4$

$b(x) = x^2 - x + 1$ $\quad e(x) = -x \cdot (x + 2)$ $\quad h(x) = x^2 + q \;;\; q < 0$

$c(x) = x^2 + x + 1$ $\quad f(x) = -x^2 + x + 1$ $\quad s(t) = -5t^2 + 10t - 5$

5.2 Wandle jede der 9 Funktionen von 5.1 in die fehlenden anderen Formen um, so dass am Ende von jeder Funktion die SPF, NF und NSF vorhanden ist. Neutrale Elemente (vergleiche S. 61) können dabei weggelassen werden.

5.3 Bestimme alle Schnittpunkte, die die folgenden drei Funktionen miteinander haben.

$f(x) = 0{,}25x^2 - 0{,}5x + 0{,}75$ $\quad g(x) = -0{,}25x^2 + 4$ $\quad h(x) = 0{,}5x - 0{,}25$

5.4. Eine Extremwert-Aufgabe aus der Betriebswirtschaft, die aber auch von Schülern „normaler" Gymnasien gelöst werden müsste: Die Herstellung eines Bleistiftes kostet 2 Cent. Wenn x die Anzahl der produzierten Bleistifte ist, ergibt sich eine Kostenfunktion $K(x) = 0{,}02x$, wobei K die Gesamtkosten in Euro sind. Die Funktion der Umsatzerlöse im gleichen Unternehmen ist $E(x) = -4 \cdot 10^{-6}x^2 + 0{,}4x$.
Der Gewinn des Unternehmens ergibt sich aus der Differenz von Erlösen und Kosten und wird deshalb mit der Funktion $G(x) = E(x) - K(x)$ bestimmt.

Bestimme die Produktionsmenge x, bei der der Gewinn am größten ist, und gib diesen maximalen Gewinn an. Für welchen Preis wird an dieser Stelle ein einzelner Bleistift verkauft?

5.5. Das allgemeine Weg-Zeit-Gesetz einer beschleunigten Bewegung in der Physik lautet: $s(t) = \frac{1}{2}at^2 + v_0t + s_0$, wobei s die Strecke in m (Metern) ist, t die Zeit in s (Sekunden), a die Beschleunigung in $\frac{m}{s^2}$, v_0 die Startgeschwindigkeit in $\frac{m}{s}$ und s_0 die Startkoordinate des Wegs in m.
Horst steht in einer 3m tiefen Grube ($s_0 = -3m$) und schaufelt Erde mit der senkrechten Startgeschwindigkeit $v_0 = 10\frac{m}{s}$ nach oben. Dabei fällt sie mit der Fallbeschleunigung $a = -9{,}82\frac{m}{s^2}$ zum Boden zurück. Bestimme mit der Formel vom Weg-Zeit-Gesetz, wie hoch die Wurfbahn der Erde bezogen auf das Niveau des Erdbodens (nicht des Gruben-Bodens!) kommt und nach welcher Zeit t die Erde diese maximale Höhe erreicht.

Lösungen

Aufgabe 5.1

Bei der Nullstellenbestimmung gilt es zunächst immer, den Funktionsterm gleich Null zu setzen, und dafür bekommst du häufig auch schon den ersten Punkt, selbst wenn du keine Ahnung hast, wie es danach weitergeht. Danach muss man schauen, welche Form vorliegt. Bei Funktion a, d, g und h steht das x an nur einer Stelle, so dass die Gleichung durch Äquivalenzumformungen umgestellt werden kann. Funktion e ist der Sonderfall einer Nullstellenform, in der eine der Nullstellen der Wert x=0 ist, und der entsprechende Klammer-ausdruck $(x-0)$ nur noch als x auftaucht. Alle anderen Beispiele sind vollständige Polynome, also Normalformen einer quadratischen Funktion.

$a(x) = x^2 = 0 \quad | \pm\sqrt{\ldots}$

$x_{1,2} = 0$

Die einzige Nullstelle ist hier doppelt vorhanden. Doch dazu mehr unter 5.2.

$b(x) = x^2 - x + 1 = 0$

$x_{1,2} = \frac{1}{2} \pm \sqrt{-\frac{3}{4}}$ nicht definiert!

Wir sehen eine quadratische Normalform mit p=−1 und q=1. Lösung mit pq-Formel.
→ Keine Nullstellen vorhanden.

$c(x) = x^2 + x + 1 = 0$

Aus den gleichen Gründen keine Nullstellen.

$d(x) = 5x^2 - 15 = 0 \quad | +15 \quad | :5$

$x^2 = 3 \quad | \pm\sqrt{\ldots}$

$x_{1,2} = \pm\sqrt{3} \approx \pm 1{,}73$

Umstellen nach x. Übrigens: Manche Lehrer sehen lieber den Ausdruck $\sqrt{3}$, da er mathematisch präziser als der Rundungswert 1,73 ist. Außerdem mögen einige das Zeichen ± nicht so gern und möchten x_1 und x_2 getrennt voneinander haben.

$e(x) = -x \cdot (x+2) = 0$

$x_1 = 0 \quad x_2 = -2$

Ein Produkt ist Null, wenn einer seiner Faktoren Null ist. Viel einfacher als hier geht es nicht mehr ☺.

$f(x) = -x^2 + x + 1 = 0 \quad | \cdot(-1)$

$x^2 - x - 1 = 0$

Zunächst quadratische Normalform bilden, und dann erst p=−1 und q=−1 ablesen.

$x_{1,2} = -\frac{-1}{2} \pm \sqrt{\left(\frac{-1}{2}\right)^2 - (-1)}$

$x_{1,2} = \frac{1}{2} \pm \sqrt{\frac{5}{4}} = \frac{1}{2} \pm \frac{1}{2}\sqrt{5}$

Anwendung der pq-Formel. Wer gut mit den Potenz-gesetzen ist, teilt die Wurzel hier noch auf.

$x_1 \approx 1{,}62 \quad x_2 \approx -0{,}62$

Wer weniger hohe Ansprüche stellt, erreicht diese Ergebnisse auch mit dem Taschenrechner[37].

$$g(x) = x^2 - 4 = 0 \quad | +4$$
$$x^2 = 4 \quad | \pm\sqrt{\ldots}$$
$$x_{1,2} = \pm 2$$

Dieses Beispiel ist eigentlich viel zu einfach, um ihm eine ausführliche Erklärung zu widmen. Ich habe es mit Blick auf Funktion h hier aufgenommen.

Zu h: Man kann es gar nicht oft genug sagen: Ein Buchstabe in einer Gleichung, nach dem nicht aufgelöst werden soll, wird WIE EINE NORMALE ZAHL behandelt. Man bezeichnet solche Buchstaben übrigens als Parameter. Allerdings verlangen solche Parameter häufig, dass man den geliebten Taschenrechner zur Seite legt und sich einmal in Ruhe darüber klar wird, wie man denn rechnen WÜRDE, wenn dieser Buchstabe jetzt eine ZAHL WÄRE. Manchmal ist es dabei hilfreich, sich die ganze Aufgabe mit einem konkreten Zahlenwert q hinzuschreiben und dabei zu beobachten, was mit ihm im Laufe der Lösung passiert. Wenn du das Folgende mit einem Auge bei Funktion h und mit einem Auge bei Funktion g liest, verstehst du sicher, was ich meine. Das, was wir unten q nennen, steht oben als die Zahl −4.

$$h(x) = x^2 + q = 0 \quad | -q$$
$$x^2 = -q \quad | \pm\sqrt{\ldots}$$
$$x_{1,2} = \pm\sqrt{-q}$$

Beachte: Der Ausdruck −q ist eine POSITIVE Zahl, denn gemäß der Zusatzangabe $q<0$ ist q ja negativ. Deshalb kann aus −q auch ohne Probleme die Wurzel gezogen werden. Es gibt also 2 Nullstellen. Wäre $q=0$, hätten wir natürlich in Analogie zur pq-Formel eine doppelte Nullstelle.

Zu s: Auch diese Funktion kommt manchem vielleicht komisch vor. Allerdings müssen die beiden beteiligten Variablen einer Funktion nicht immer x und y heißen. Wer das Prüfungsfach Physik wählt, der sollte sich möglichst früh schon an andere Buchstaben gewöhnen. s(t) ist eine Funktion, deren Wertepaare aus Werten von t und s(t) bestehen, so wie du Funktionen kennst, deren Wertepaare aus x und f(x) bestehen.

$$s(t) = -5t^2 + 10t - 5$$

Wir sehen hier also nichts Anderes als die Normalform einer quadratischen Funktion von t.

[37] Allerdings ist es sehr leichtsinnig, im Abitur allein darauf zu vertrauen, dass sich alle Aufgaben mehr oder weniger mit dem Taschenrechner lösen lassen. Deshalb meine Buchempfehlung: Der Mathe-Dschungelführer Analysis 1: Terme & Gleichungen, ISBN 978-3-940445-21-6. Ein speziell für die Oberstufe konzipiertes Wiederholungsbuch der wichtigsten Grundlagen.

$s(t) = -5t^2 + 10t - 5 = 0 \quad | :(-5)$

$t^2 - 2t + 1 = 0$

$t_{1,2} = -\frac{-2}{2} \pm \sqrt{\left(\frac{-2}{2}\right)^2 - 1}$

$t_{1,2} = 1 \pm \sqrt{0} = 1$

Gesucht ist die Nullstelle der Funktion s(t), also derjenige t-Wert, bei dem s(t)=0 ist. Wir bilden die quadratische Normalform, um p und q zu erkennen. Die linke Seite der pq-Formel heißt jetzt natürlich $t_{1,2}$ und nicht $x_{1,2}$. Da der Wurzelteil Null ist, gibt es eine doppelte Nullstelle bei t=1.

Wer gut mit binomischen Formeln ist, der hätte das vielleicht auch schon oben erkannt, denn es gilt: $t^2 - 2t + 1 = (t-1)^2$, womit ich wieder beim Thema Nullstellenform und Zerlegung einer Funktion in ihre Faktoren wäre. Doch dazu mehr bei 5.2.

Aufgabe 5.2

Im Prinzip ist diese Aufgabe wie 4.2, allerdings enthalten die Funktionen neutrale Elemente oder Auffälligkeiten bei der Nullstellenbestimmung, die es dem Schüler schwer machen, die gelernten Verfahren ohne weiteres Nachdenken abzuspulen. Vielleicht hast du manchmal schon Mühe, die vorliegende Form richtig zu erkennen. Ich werde für meine Erklärungen die neutralen Elemente Null und Eins hinzufügen, um die Form zu verdeutlichen. Unbedingt vor Augen haben solltest du natürlich die drei Formen wie in 4.12. auf Seite 58 beschrieben.

$a(x) = x^2$ ist NF mit a=1; b=0 und c=0, also in Gedanken $a(x) = 1x^2 + 0x + 0$. Es ist aber ebenso SPF mit a=1; x_0=0 und y_0=0, weil es für $a(x) = 1 \cdot (x-0)^2 + 0$ steht. Und es ist ebenfalls NSF mit den Nullstellen x_1=0 und x_2=0, dann schreibt man es als $a(x) = 1 \cdot (x-0) \cdot (x-0)$ bzw. mit einer doppelten Nullstelle als $a(x) = 1 \cdot (x-0)^2$. Eine Umformung ist hier also nicht nötig, da alle drei Formen bereits vorliegen.

$b(x) = x^2 - x + 1$ ist NF mit a=1; b=−1 und c=1. Eine NSF existiert aus den bei 5.1 genannten Gründen nicht. Die SPF muss also mit der quadratischen Ergänzung ermittelt werden:
$b(x) = x^2 - x + 1 = \left(x - \frac{1}{2}\right)^2 - \frac{1}{4} + 1 = \left(x - \frac{1}{2}\right)^2 + \frac{3}{4}$

$c(x) = x^2 + x + 1$ ist NF mit a=1; b=1 und c=1. Eine NSF existiert nicht, da sich wieder keine reellen Nullstellen ermitteln lassen. SPF wieder mit quadratischer Ergänzung bestimmen:
$c(x) = x^2 + x + 1 = \left(x + \frac{1}{2}\right)^2 - \frac{1}{4} + 1 = \left(x + \frac{1}{2}\right)^2 + \frac{3}{4}$

$d(x) = 5x^2 - 15$ ist Sonderfall der NF, da kein lineares Glied vorhanden ist (vgl. 5.3 S. 61), mit a=5; b=0 und c=−15. Die in 5.1 ermittelten Nullstellen und der Streckfaktor (!) ergeben die

NSF $d(x) = 5 \cdot (x - \sqrt{3}) \cdot (x + \sqrt{3})$, gemäß dem Schema $a \cdot (x - x_1) \cdot (x - x_2)$. Die vorliegende Form ist aber auch schon die SPF. Wer es nicht glaubt, kann die Termumformung mit quadratischer Ergänzung machen und sieht, dass nur neutrale Elemente hinzukommen:
$d(x) = 5x^2 + 0x - 15 = 5 \cdot [x^2 + 0x - 3] = 5 \cdot [(x-0)^2 - 0 - 3] = 5 \cdot (x-0)^2 - 15$
Dass der Scheitelpunkt mit $x_0=0$ dabei auf der y-Achse liegt, passt übrigens genau zur Aussage bei 3.1 bis 3.3 (ab Seite 16), dass eine solche Funktion achsensymmetrisch ist.

$e(x) = -x \cdot (x+2)$ ist NSF mit $a=-1$; $x_1=0$ und $x_2=-2$, entsprechend $-1 \cdot (x-0) \cdot (x+2)$. Ausmultiplizieren liefert die NF: $e(x) = -x^2 - 2x$. Die Ermittlung der Nullstellen in umgekehrter Richtung würde man übrigens durch Ausklammern, nicht mit der pq-Formel, vornehmen. Die SPF erhält man wie immer über die quadratische Ergänzung von der NF:
$e(x) = -x^2 - 2x = -1 \cdot [x^2 + 2x] = -1 \cdot [(x+1)^2 - 1] = -(x+1)^2 + 1$

$f(x) = -x^2 + x + 1$ ist NF mit $a=-1$; $b=1$ und $c=1$. Die NSF ergibt sich aus den in 5.1 ermittelten Nullstellen $x_1 = \frac{1}{2} + \frac{1}{2}\sqrt{5}$ und $x_2 = \frac{1}{2} - \frac{1}{2}\sqrt{5}$ und dem Streckfaktor -1 als
$f(x) = -\left(x - \left(\frac{1}{2} + \frac{1}{2}\sqrt{5}\right)\right) \cdot \left(x + \left(\frac{1}{2} - \frac{1}{2}\sqrt{5}\right)\right) \approx -(x - 1{,}62) \cdot (x + 0{,}62)$. Aus der NF folgt die SPF:
$f(x) = -x^2 + x + 1 = -[x^2 - x - 1] = -[(x - \frac{1}{2})^2 - \frac{1}{4} - 1] = -(x - \frac{1}{2})^2 + \frac{5}{4}$

$g(x) = x^2 - 4$ ist, ähnlich wie schon Funktion d(x), NF und SPF in einem, mit $a=1$, $b=0$, $c=-4$ bzw. $x_0=0$ und $y_0=-4$. Die NSF ergibt sich wie in Aufgabe 5.1 gezeigt oder, für Pfiffige, aus der 3. binomischen Formel rückwärts: $g(x) = (x-2)(x+2)$

Für $h(x) = x^2 + q = 0$ gilt genau das Gleiche wie für g. Es liegt die NF und SPF vor mit $a=1$, $b=0$, $c=q$ bzw. $x_0=0$ und $y_0=q$. Der Scheitelpunkt dieser nach oben offenen Parabel muss unterhalb der x-Achse liegen ($q<0$), da sich sonst keine Nullstellen ergeben würden. Auch hier könnte man die NSF mit der 3. binomischen Formel bestimmen, allerdings mit einem kleinen Zwischenschritt: $h(x) = x^2 + q = x^2 - (-q) = (x - \sqrt{-q})(x + \sqrt{-q})$

$s(t) = -5t^2 + 10t - 5$ ist NF mit $a=-5$; $b=10$ und $c=-5$. Die NSF ergibt sich gemäß 5.1 zu $s(t) = -5 \cdot (t-1)^2$ wobei man auch schreiben kann $s(t) = -5 \cdot (t-1) \cdot (t-1)$. Die erste dieser beiden Schreibweisen kann man auch als SPF lesen, mit $a=-5$; $x_0=1$ und $y_0=0$. Wer es nach den Regeln der Kunst (S. 46) herausfinden will, der schreibt:
$s(t) = -5t^2 + 10t - 5 = -5 \cdot [t^2 - 2t + 1] = -5 \cdot [(t-1)^2 - 1 + 1] = -5 \cdot (t-1)^2$

Aufgabe 5.3

Die Bestimmung der Schnitt- und Berührpunkte von zwei Funktionen ist so etwas wie das kleine 1x1 der Oberstufen-Mathematik. Gesucht ist jeweils derjenige x-Wert, bei dem beide Funktionen (mathematische Vorschriften) den gleichen y-Wert liefern. Deshalb setzt man die Funktionsterme gleich (①) und löst nach x auf. Sind dabei quadratische Funktionen beteiligt, läuft das Ganze meist auf eine quadratische Gleichung hinaus, die nicht mehr ohne Weiteres nach x umgestellt werden kann und deshalb auf die quadratische Normalform (②) gebracht wird, um sie mit der pq-Formel (③) zu lösen. Auch abc-Formel und quadratische Ergänzung sind richtige Lösungsverfahren, die allerdings im Abi eher selten Anwendung finden. Zwei Lösungen sind ein Zeichen für 2 SCHNITTpunkte, eine Lösung bedeutet einen BERÜHR-punkt (h ist Tangente von f am Punkt P_3). Die fehlenden y-Werte der gemeinsamen Punkte werden bestimmt, indem der x-Wert in eine von beiden Funktionen eingesetzt wird (④).

Schnittpunkte zwischen dem Grafen von f und g:

$$f(x) \overset{①}{=} g(x)$$

$$0{,}25x^2 - 0{,}5x + 0{,}75 = -0{,}25x^2 + 4 \quad | +0{,}25x^2 \quad | -4$$

$$0{,}5x^2 - 0{,}5x - 3{,}25 = 0 \quad | \cdot 2$$

$$x^2 - x - 6{,}5 \overset{②}{=} 0$$

$$x_{1,2} \overset{③}{=} -\tfrac{-1}{2} \pm \sqrt{\left(\tfrac{-1}{2}\right)^2 + 6{,}5} = 0{,}5 \pm \sqrt{6{,}75}$$

$$x_1 \approx 3{,}10 \qquad x_2 \approx -2{,}10$$

$$g(3{,}1) \overset{④}{=} -0{,}25 \cdot 3{,}1^2 + 4 \approx 1{,}60 \quad \rightarrow \quad P_1(3{,}1 \,|\, 1{,}6)$$

$$g(-2{,}1) = -0{,}25 \cdot (-2{,}1)^2 + 4 \approx 2{,}90 \quad \rightarrow \quad P_2(-2{,}1 \,|\, 2{,}9)$$

Schnittpunkte zwischen dem Grafen von f und h:

$$f(x) \overset{①}{=} h(x)$$

$$0{,}25x^2 - 0{,}5x + 0{,}75 = 0{,}5x - 0{,}25 \quad | -0{,}5x \quad | +0{,}25$$

$$0{,}25x^2 - x + 1 = 0 \quad | \cdot 4$$

$$x^2 - 4x + 4 \overset{②}{=} 0$$

$$x_{1,2} \overset{③}{=} -\tfrac{-4}{2} \pm \sqrt{\left(\tfrac{-4}{2}\right)^2 - 4} = 2 \pm \sqrt{0} = 2$$

$$h(2) \overset{④}{=} 0{,}5 \cdot 2 - 0{,}25 = 0{,}75 \quad \rightarrow \quad P_3(2 \,|\, 0{,}75)$$

Schnittpunkte zwischen dem Grafen von h und g:

$$h(x) \overset{①}{=} g(x)$$

$$0{,}5x - 0{,}25 = -0{,}25x^2 + 4 \quad | +0{,}25x^2 \quad | -4$$

$$0{,}25x^2 + 0{,}5x - 4{,}25 = 0 \quad | \cdot 4$$

$$x^2 + 2x - 17 \overset{②}{=} 0$$

$$x_{1,2} \overset{③}{=} -\tfrac{2}{2} \pm \sqrt{\left(\tfrac{2}{2}\right)^2 + 17} = -1 \pm \sqrt{18}$$

$$x_1 \approx 3{,}24 \qquad x_2 \approx -5{,}24$$

$$h(3{,}24) \overset{④}{=} 0{,}5 \cdot 3{,}24 - 0{,}25 = 1{,}37 \quad \rightarrow \quad P_4(3{,}24 \,|\, 1{,}37)$$

$$h(-5{,}24) = 0{,}5 \cdot (-5{,}24) - 0{,}25 = -2{,}87 \quad \rightarrow \quad P_5(-5{,}24 \,|\, -2{,}87)$$

Schaubild der Grafen:
(war nicht verlangt)

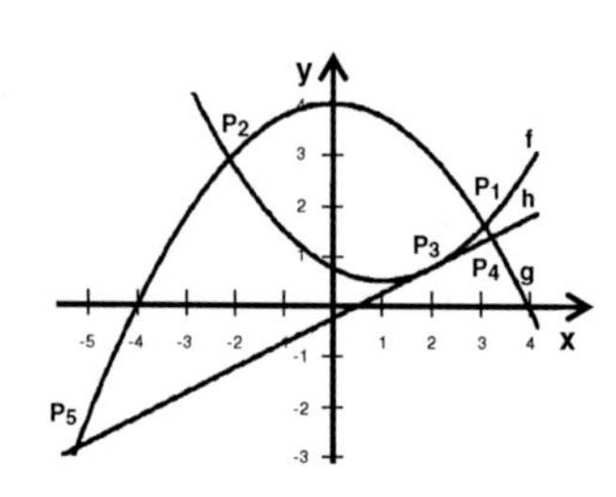

Aufgabe 5.4

Solche und andere Extremwertaufgaben sind fester Bestandteil des Abiturwissens in allen Bundesländern[38]. Um festzustellen, an welcher Stelle (also bei welchem x-Wert) die Gewinnfunktion ihr Maximum erreicht, sollte man sie zunächst einmal bilden.

$$G(x) = E(x) - K(x) = -4 \cdot 10^{-6}x^2 + 0{,}4x - 0{,}02x = -4 \cdot 10^{-6}x^2 + 0{,}38x$$

Übrigens: Der Ausdruck $\cdot 10^{-6}$ steht dafür, dass man das Komma bei der vorausgehenden 4 eigentlich um 6 Stellen nach links schieben sollte, so dass sich 0,000004 ergibt. Für diese Rechnerei mit Zehnerpotenzen bei sehr großen und sehr kleinen Zahlen haben fast alle Taschenrechner eine Extra-Taste, die z.B. „E", „EXP" oder „$\mathbf{x}10^{x}$" heißt.

Wie man sieht, handelt es sich bei der Gewinnfunktion um eine nach unten geöffnete quadratische Parabel, die hier in NF mit fehlendem absoluten Glied steht (Vgl. 5.4, S. 62). Das Maximum ist also beim Scheitelpunkt, den wir nun (mangels Kenntniss der Differenzialrechnung) mit der Scheitelpunktform bestimmen. Wegen der ungewohnten Zahlenwerte muss man hierbei genau wissen, was man tut, und kann nicht einfach nach Gefühl vorgehen...

$$G(x) = -4 \cdot 10^{-6}x^2 + 0{,}38x = -4 \cdot 10^{-6} \cdot \left[x^2 + \frac{0{,}38}{-4 \cdot 10^{-6}}x\right] = -4 \cdot 10^{-6} \cdot \left[x^2 - 95000x\right]$$

$$= -4 \cdot 10^{-6} \cdot \left[\left(x - \frac{95000}{2}\right)^2 - \left(\frac{95000}{2}\right)^2\right] = -4 \cdot 10^{-6} \cdot \left[(x - 47500)^2 - 47500^2\right]$$

$$= -4 \cdot 10^{-6} \cdot (x - 47500)^2 + 9025$$

Eine entsprechende Anleitung der Schritte findest du in Abschnitt 4.8 ab Seite 46. Wir sehen also eine Parabel, die den Scheitelpunkt S(47500|9025) hat. Bei der Produktionsmenge x=47500 ist der Gewinn also mit G=9025 am größten.

Um den Preis zu bestimmen, den ein einzelner Bleistift an dieser Stelle kostet, müssen wir zunächst die gesamten Umsatzerlöse aus allen 47500 Bleistiften bestimmen.

$$E(47500) = -4 \cdot 10^{-6} 47500^2 + 0{,}4 \cdot 47500 = 9975$$

Umgerechnet auf einen einzigen Bleistift ergibt sich dann ein Umsatzerlös von $e = 9975 : 47500 = 0{,}21$. Ein solcher Stift kostet im Laden also 21 Eurocent.

[38] Eine ausführliche Anleitung nahezu aller möglichen Typen von Extremwertaufgaben findest du im „Mathe-Dschungelführer Analysis: Extremwertaufgaben", ISBN 978-3-940445-28-5

Aufgabe 5.5

Mir ist durchaus bewusst, dass viele meiner Leser bei solchen Aufgaben Albträume bekommen und das Fach Physik in der Oberstufe so schnell wie möglich abwählen wollen (was ja bei Mathe dummerweise nicht geht ☹). Dennoch habe ich diese Aufgabe hier mit aufgenommen, denn ich finde, in ein Buch über quadratische Funktionen müssen auch ein paar praktische Beispiele mit hinein. Dieses hier wird im Übrigen ja oft zeitgleich zum Mathe-Thema Parabeln im Physikunterricht gebracht. Es gibt bei dieser sogenannten „Kinematik" (Bewegungslehre) eine ganze Reihe von Schwierigkeiten, darunter die Frage, wie man sich gedanklich in den Versuchsaufbau ein passendes x,y-Koordinatensystem hineinlegt und dass man dann alle Größen, die gegen die Zählrichtung der entsprechenden Achse gerichtet sind (s, v, a und auch Kräfte) mit negativem Vorzeichen in die Rechnung aufnimmt. Außerdem muss man von räumlichen Zusammenhängen (siehe Skizze mit dem x,y-Koordinatensystem) auf Raum-Zeit-Zusammenhänge (die hier nicht skizzierte s(t)-Funktion, die aber im Prinzip die gleiche Form wie die dargestellte Wurfbahn hat, denn y ist hier s) schließen. Das alles habe ich hier freundlicherweise ☺ schon übernommen, denn die Erklärungen würden einen eigenen Mathe-Dschungelführer füllen. Alle wichtigen Größen der in dieser Aufgabe geltenden s(t)-Formel sind gegeben und du musst diese nur noch (mit etwas Mut) einsetzen.

$$s(t)=\tfrac{1}{2}at^2+v_0t+s_0 \quad \rightarrow \quad s(t)=\tfrac{1}{2}(-9{,}82)\cdot t^2+10t-3 \quad \text{bzw.} \quad s(t)=-4{,}91\cdot t^2+10t-3$$

An dieser Formel sehen Kenner (zu denen du inzwischen gehören solltest ☺) eine nach unten geöffnete Parabel. Die Wurfhöhe s erreicht also zu einen bestimmten Zeitpunkt t ein Maximum, der Scheitelpunkt S $(t_{max}|s_{max})$ ist ein Hochpunkt[39].

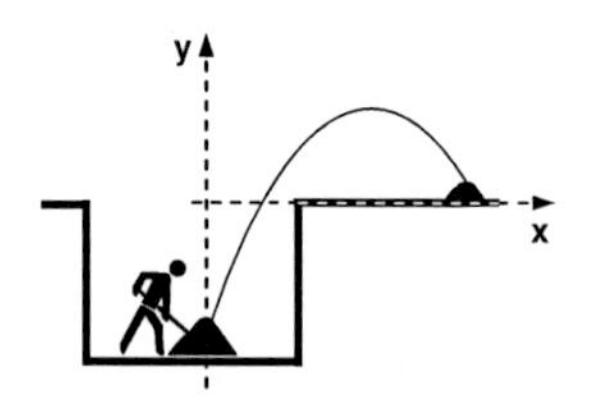

Damit zur Frage: Die maximale Wurfhöhe s_{max} entspricht bei dieser Parabelfunktion dem Hochpunkt bzw. Scheitelpunkt und kann deshalb, wie sollte es bei diesem Buch auch anders sein, mit der Scheitelpunktform bestimmt werden. Also Umwandeln von NF in SPF:

$$s(t)=-4{,}91\cdot t^2+10t-3=-4{,}91\cdot\left[t^2+\tfrac{10}{-4{,}91}t-\tfrac{3}{-4{,}91}\right]=-4{,}91\cdot\left[t^2-2{,}04t+0{,}61\right]=-4{,}91\cdot\left[\left(t-\tfrac{2{,}04}{2}\right)^2-\left(\tfrac{2{,}04}{2}\right)^2+0{,}61\right]$$

$$=-4{,}91\cdot\left[(t-1{,}02)^2-1{,}02^2+0{,}61\right]=-4{,}91\cdot\left[(t-1{,}02)^2-0{,}43\right]=-4{,}91\cdot(t-1{,}02)^2+2{,}11$$

Nach t_{max}=1,02s erreicht der Wurf mit s_{max}=2,11m über Bodenhöhe seine maximale Höhe. Dies ist übrigens 5,11m über dem Niveau des Grubenbodens.

[39] In der Physik ist es üblich, die zu einem Maximum (Hochpunkt) oder Minimum(Tiefpunkt) gehörenden Größen mit dem Index „max" oder „min" zu versehen.

Glossar

abc-Formel	auch „Mitternachtsformel". Alternative zur pq-Formel. Jede Gleichung der Form $ax^2 + bx + c = 0$ ergibt nach x aufgelöst: $x_{1,2} = \frac{-b \pm \sqrt{b^2 - 4ac}}{2a}$
Ableiten	Beim Ableiten (auch „Differenzieren") einer mathematischen Funktion f(x) bildet man mit bestimmten Verfahren die sog. „1. Ableitung" $f'(x)$, die die Steigung einer Tangente von f an einer Stelle x angibt. Das Thema wird in der Sekundarstufe II ausführlich behandelt.
absolutes Glied	Der Summand in einem Polynom bzw. in einer Normalform, der ohne x steht (absolut, nur für sich). Bei einer quadratischen Funktion der Form $ax^2 + bx + c$ ist c das absolute Glied. Das absolute Glied gibt immer den y-Abschnitt der jeweiligen Funktion an.
Analysis	Analyse mathematischer Funktionen. Eines der drei großen Teilgebiete im Mathe-Abitur.
Äquivalenz-umformung	Der Rechenschritt, der auf beiden Seiten einer Gleichung angewendet wird, um diese nach x aufzulösen. Oft schreibt man die Ä. rechts neben die Gleichung. Vgl. S. 52 Mitte.
binomische Formeln	Vereinfachtes Verfahren zum Ausmultiplizieren von bestimmten Summen in Klammern: 1. BF: $(a+b)^2 = a^2 + 2ab + b^2$ 2. BF: $(a-b)^2 = a^2 - 2ab + b^2$ 3. BF: $(a+b)\cdot(a-b) = a^2 - b^2$
Definitionsmenge, Definitionsbereich	Der Definitionsbereich, oft gekennzeichnet mit dem Buchstaben $\mathbb{D}$, ist die Menge aller x-Werte, die man in eine Funktion oder Gleichung einsetzen darf, ohne mathematische Konflikte zu erzeugen. Typische mathematische Konflikte sind z.B. die Division durch Null, das Wurzelziehen aus negativen Zahlen oder Logarithmieren aus negativen Zahlen. Bei den quadratischen Funktionen treten in der Definitionsmenge keine solchen Konflikte auf. Alle ganzrationalen Funktionen, zu denen die quadratischen und linearen Funktionen zählen, sind stets in der gesamten Zahlenmenge $\mathbb{R}$ definiert.
Differenzialrechnung	Abiturthema. Siehe Ableiten.
Funktion	Eine Funktion ist eine mathematische Vorschrift, die vorgibt, mit welchen Rechnungen aus einem x-Wert ein y-Wert entsteht, z.B. $y = x^2$. Statt y schreibt man häufig f(x).
Funktionswert	Durch eine Funktion entstehen Wertepaare der Form (x|y), die die Spalten einer Wertetabelle bzw. die Punkte eines Grafen bilden. Dabei ist x die „Stelle" und y der „Funktionswert".
gemischtquadratische Gleichung	Im Gegensatz zur „reinquadratischen Gleichung" (vgl. dort) enthält die gemischt-quadratische Gleichung sowohl den quadratischen als auch den linearen Anteil, also einen Summanden mit x^2 und einen mit x. Beispiele: $x^2 + 3x + 4 = 0$, $x^2 - x = 0$
Gleichung (allgemein und quadratische)	Gegenüberstellung zweier Terme bzw. mathematischer Ausdrücke, die aus Zahlen, Rechenoperatoren (z.B. Plus und Minus) und Unbekannten bestehen können. Ist nur eine Variable in der Gleichung, z.B. x, dann gilt es meistens, diese Gleichung nach x aufzulösen. Bei den quadratischen Gleichungen ist das x wenigstens einmal in der Form x^2 vorhanden. Quadratische Gleichungen lassen sich häufig nicht mehr ohne Weiteres nach x umstellen, man löst sie stattdessen meist nach Null auf und benutzt dann Rechenmethoden wie pq-Formel, abc-Formel oder quadratische Ergänzung.
horizontal	waagerecht, „in Längsrichtung", „quer" ⟷

Intervall	Ein Zahlenbereich von einem kleinsten bis hin zu einem größten Wert. Fast immer meint man mit einem Intervall bestimmte x-Werte und gibt entsprechend mit dem kleinsten Wert die linke Grenze und mit dem größten Wert die rechte Grenze an. Beachte, dass Mathematiker sehr viel Wert darauf legen, zu betonen, ob die Grenze selbst noch im Intervall liegt oder nicht. Das Intervall, das bei (einschließlich) −2 beginnt und bei +3 endet, wobei die 3 NICHT mehr enthalten sein soll, kann man wie folgt darstellen: $-2 \leq x < 3$ $x \in [-2\ ;\ 3\ [$ Gehört die Grenze dazu, zeigt die Klammer nach innen.
Kurvendiskussion	Verfahren zur systematischen Bestimmung von Funktionseigenschaften in der Analysis.
lineares Glied	Der Summand in einem Polynom bzw. in einer Normalform, bei dem x in der ersten Potenz x^1 bzw. x steht. Bei einer quadratischen Funktion der Form $ax^2 + bx + c$ ist bx das lineare Glied.
monoton steigend, wachsend und fallend	Diese Begriffe gelten meistens für ein bestimmtes Intervall, manchmal aber auch über den gesamten Definitionsbereich. Der Zusatz „streng" wird benutzt, wenn man ausschließt, dass der Graf im betrachteten Intervall an einer Stelle waagerecht verläuft. **Streng monoton wachsend** 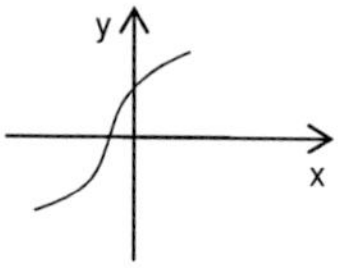 $x_1 < x_2$ $f(x_1) < f(x_2)$ **Streng monoton fallend** 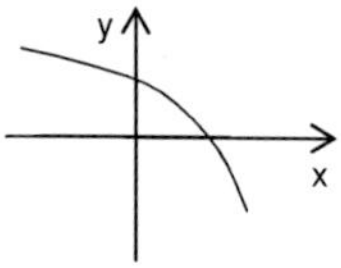 $x_1 < x_2$ $f(x_1) > f(x_2)$ **Monoton wachsend** 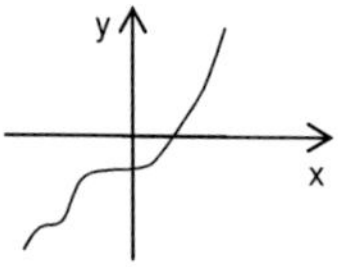 $x_1 < x_2$ $f(x_1) \leq f(x_2)$ Vergleiche hierzu auch die Lösung zu Aufgabe 2.2. d) auf Seite 74.
Normalform (NF)	Darstellung einer Funktion mit dem Schema: $ax^2 + bx + c$. Näheres siehe 4.4, S.38
Normalparabel	Die einfachste quadratische Funktion $f(x) = x^2$. Näheres siehe Abschnitt 2, Seite 11.
Nullstelle	x-Achsen-Abschnitt einer Funktion. Dort gilt $f(x) = 0$ bzw. $y = 0$.
Nullstellenform (NSF)	Darstellung einer Funktion mit dem Schema: $a \cdot (x - x_1) \cdot (x - x_2)$. Näheres siehe 4.6, S.42
Parabel	Der Graf einer quadratischen Funktion bzw. Funktion 2. Grades. Gelegentlich bezeichnet man aber auch die Grafen der höhergradigen ganzrationalen Funktionen als Parabeln.
pq-Formel	Die am häufigsten verwendete Formel zur Nullstellenbestimmung von quadratischen Funktionen (vgl. 4.10, S.54) und anderen Aufgaben zu quadratischen Gleichungen, die man in ein solches Nullstellenproblem verwandeln kann (Vgl. 5.5, S. 65). Jede Gleichung der Form $x^2 + px + q = 0$ (sog. quadratische Normalform) ergibt nach x aufgelöst: $x_{1,2} = -\frac{p}{2} \pm \sqrt{\left(\frac{p}{2}\right)^2 - q}$
Punkt	Zu einem Punkt gehört IMMER die Angabe seines x-Wertes (der Stelle) und seines y-Wertes (des Funktionswertes). Punkte erhalten in aller Regel Großbuchstaben.
Quadrant	Das kartesische Koordinatensystem, also das x-y-Koordinatensystem, mit dem ihr Funktionen darstellt, ist durch die beiden Achsen in genau 4 Quadranten unterteilt. 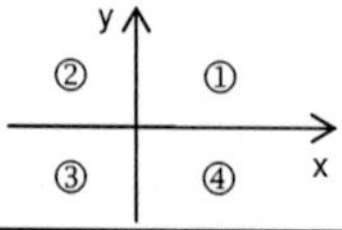

quadratische Ergänzung	Die quadratische Ergänzung ist zunächst einmal nur der Anteil b^2 in der 1. und 2. binomischen Formel. Hinter dem Begriff steckt allerdings eine relativ komplizierte Rechenmethode, um quadratische Funktionen oder Terme, die in der Normalform gegeben sind, in die Scheitelpunktform zu bringen bzw. die beiden Anteile von x^2 und x zusammen zu fassen, um dann nach dem x auflösen zu können. Siehe 4.8 & 4.9, S.46.
quadratische Normalform	Eine Gleichung der Form $x^2+px+q=0$. Jede quadratische Gleichung kann auf diese Form gebracht werden, bei der das x^2 alleine steht und rechts die Null ist.
reelle Zahlenmenge	Die Menge aller Zahlen, mit denen bis zum Abitur gerechnet wird. Hierzu gehören neben den ganzen Zahlen und den Brüchen, einschließlich der periodisch endenden Dezimalbrüche (z.B.$\frac{1}{3}=0,\overline{3}$) auch noch Zahlen, die endlos und unregelmäßig nach dem Komma weiter gehen, wie z.B. $\sqrt{3}\approx1{,}73$ oder $\pi\approx3{,}14$.
reinquadratische Gleichung	Quadratische Gleichung, bei der das x ausschließlich in der 2. Potenz auftritt. Dort fehlt in der Normalform ax^2+bx+c immer der lineare Anteil bx und manchmal auch das c.
Scheitel, Scheitelpunkt	Der Hochpunkt (das Maximum) oder der Tiefpunkt (das Minimum) einer quadratischen Parabel heißt Scheitel oder Scheitelpunkt.
Stelle	Mit „Stelle" sind immer nur die x-Werte eines bestimmten Punktes gemeint. Einzige Ausnahme: Mit dem Begriff NULL-stelle meint man manchmal nur den x-Wert, manchmal aber auch den ganzen Punkt N(x|0). Siehe auch „Funktionswert".
stetig	heißt so viel wie „durchgängig", „zusammenhängend". Der Graf einer Funktion ist stetig, wenn man ihn zeichnen kann, ohne den Stift abzusetzen. Parabeln sind immer stetig.
streng monoton ...	Siehe unter „monoton" wachsend, steigend oder fallend.
Tangente	Die Gerade, den einen Grafen an einem Punkt berührt (aber dort nicht schneidet). Tangenten sind letztlich immer lineare Funktionen, die mit dem Grafen einen gemeinsamen Punkt und eine gemeinsame Steigung an der untersuchten Stelle haben.
Term	Ein mathematischer Ausdruck, der eine Zahl oder eine Rechenanweisung mit Variablen sein kann, z.B. 3^2-5 oder $(x-1)^2$. Terme enthalten niemals Gleichheitszeichen.
Termumformung	Das Verändern der Gestalt eines Terms, ohne das Ergebnis des Terms zu verändern, z.B. kann der Term $3x^2-x$ durch Ausklammern geschrieben werden als $x\cdot(3x-1)$.
Unendlich	Eine „Zahl", die größer ist als alle vorstellbaren Zahlen und die oft mit dem ∞ -Zeichen dargestellt wird. Streng formal darf man ∞ nicht wie einen Zahlenwert für eine Variable einsetzen, sondern muss dies kennzeichnen. Untersucht man z.B. sehr große x-Werte, was grafrisch dem Bereich sehr weit rechts vom Ursprung entspricht, dann schreibt man z.B. $x\to\infty$ („x geht gegen Unendlich") oder $\lim\limits_{x\to\infty}$, wobei „lim" für „Limes" (lateinisch: „Grenze") steht. Näheres vergleiche S.13.
vertikal	senkrecht, „hochkant" ↕
Wertemenge, Wertebereich	Der Wertebereich, oft gekennzeichnet mit dem Buchstaben $\mathbb{W}$, ist die Menge aller y-Werte, die als Funktionswerte aus der Vorschrift f(x) entstehen können. Während dies bei den linearen Funktionen praktisch immer der gesamte reelle Zahlenbereich ist und deshalb kaum erwähnt wird, muss man bei den quadratischen Funktionen genauer hinsehen, welche y-Werte in den Punkten des Grafen erscheinen.
y-Abschnitt	Die y-Koordinate, bei der der Graf einer Funktion die y-Achse schneidet. Dort ist x=0.

Der Mathe-Dschungelführer – Der Nachhilfekurs zum Selbststudium

Mathematik für die Oberstufe, verständlich erklärt. Zu Themen wie Stochastik, Analysis und Lineare Algebra/Analytische Geometrie. Das gesamte Verlagsprogramm, immer aktuell, findest du auf → www.mathe-dschungelfuehrer.de

Hat dir dieses Buch geholfen?
Dann erzähl es bitte auch deinen Klassenkameraden, Freunden und Lehrern! Wenn du dieses Buch in einem Internet-Shop mit Bewertungsfunktion gekauft hast, dann schreibe dort bitte eine kurze Buchbewertung.

Du leistest damit einen wichtigen Beitrag, dass noch weitere Ausgaben vom Mathe-Dschungelführer entstehen. Denn es gibt noch viele Themen im Mathe-Dschungel, die geklärt werden müssen. Vielen Dank für dein Vertrauen in den Mathe-Dschungelführer!